苏 联 建 筑 科 学 院

# 俄罗斯建筑立面装饰图集

张庆斌　编译

中国建筑工业出版社

**图书在版编目(CIP)数据**

俄罗斯建筑立面装饰图集/张庆斌编译. —北京:中国建筑工业出版社,2005
ISBN 7-112-07480-0

Ⅰ.俄... Ⅱ.张... Ⅲ.建筑装饰,立面－建筑设计－俄罗斯－图集 Ⅳ.TU238-64

中国版本图书馆 CIP 数据核字(2005)第 065065 号

　　本书为原苏联建筑科学院主持精选、测绘的一部实录图集,汇集了莫斯科和圣彼得堡17～19世纪中叶最著名建筑物的典型范例,展示了欧洲文艺复兴后期古典主义的艺术风格,庄重、宏伟、高雅、简洁为其主要特征。

　　图集包括室外台阶、勒脚、门贴脸、窗贴脸、柱、墙、阳台与敞廊、屋檐等部分,并测量绘制了各建筑立面主要部位的构造、尺寸图。今天对我们研究、借鉴仍有着重大的参考价值。

　　本书可供建筑设计、环境艺术设计人员及相关院校师生学习参考。

原　书　名:КАМЕНЬ В ОБЛИЦОВКЕ ФАСАДОВ
原　作　者:Академия архитектуры СССР
原 出 版 社:Государственное издательство литературы
　　　　　　　по строительству и архитектуре
原出版年月:1955 年 4 月

责任编辑:朱象清　白玉美
责任设计:刘向阳
责任校对:李志瑛　王金珠


苏联建筑科学院
**俄罗斯建筑立面装饰图集**
张庆斌　编译
＊
中国建筑工业出版社出版、发行(北京西郊百万庄)
新华书店经销
北京嘉泰利德制版公司制版
世界知识印刷厂印刷
＊
开本:787 × 1092毫米　1/16　印张:11¼　字数:270千字
2005 年 7 月第一版　　2005 年 7 月第一次印刷
定价:30.00元
ISBN 7-112-07480-0
　　　(13434)

# 目　录

## 前　言

本书选自原苏联建筑科学院主持编写的《岩石立面镶面》一书，插图展示了莫斯科市和圣彼得堡市最著名建筑物的典型范例。这些建筑物主要是 19 世纪中叶以前建筑的，有的是建于 17、18 世纪。建筑装饰艺术风格主要是欧洲文艺复兴后期古典主义的，巴洛克式。庄重、宏伟、高雅、简洁成为俄罗斯这一时期建筑装饰艺术风格的主要特征。这些作品的装饰艺术，现代仍为各地继承和运用。为有利于研究、借鉴，在各部分说明中，我们略述了一些设计和施工的注意点，以供读者参考。

## 室外台阶

在公共建筑中，台阶常常使建筑物显得庄严、宏伟。由于台阶功能重要，在构造上必须对其承载力、沉降、冻胀所带来的影响进行验算，并作相应妥善处理，以保证台阶的使用要求。台阶踏步和平台的材料选用，应注意材料的坚硬性、耐磨性、耐久性。以坚实的花岗石、辉长石、闪长石、白云石或地方特产的大理石、石灰石为宜。根据使用要求。一般情况下室外台阶平台及踏步表面应为麻面，在寒冷地区，光滑的表面，常会使人行走困难，或在冬天滑倒，因此，是不宜选用的。

踏步形式有多种，常用的是直角形踏步，加工、施工方法简易，建成后也很壮观，可以建成各种平面形式的台阶；其次是带边沿的踏步，其中一种是后侧带向上出边沿，它的优点是雨水或其他积水，不能流入水平接缝中，在寒冷地区，可防止产生冻胀变形；缺点是加工麻烦，造价高些。设计时，还应注意转角处、上下台阶踏步长短搭接处的边沿处理；第二种是前沿有圆形边沿的，宜选用抗折强度较大的石料。同种类型的，还有前沿有直角边沿的。凡直角边沿加工时，前沿上部外侧棱上应磨成45°小斜角或小圆角，以利坚固耐久，减少碰坏边沿。台阶平台及踏步平面，在施工时都应带有不小于1%向

外的坡度，以利清扫污水。

设计时若不用石料而选用块料、预制混凝土或钢筋混凝土等为基层抹面时：一般简易情况，面层宜为厚度 > 20mm 的 1：2.5 水泥砂浆凿毛。在寒冷地区还应注意防滑，踏步边加防滑条，或尽量选用人造剁斧石为宜。

台阶平台或踏步与墙壁（或勒脚）相邻时，应注意防止冻胀或沉降破坏墙面装饰面层，必要时可设沉降缝，使其能各自相对独立工作，这样可防止台阶冻胀或建筑物沉降造成破坏。台阶长度按楼梯通行要求，最小为850mm，双人通行时为1000~1100mm，一般长度应大于1000mm。踏步选用石料时，其最小块长度宜 > 200mm，上下层接缝，应相互交错，以策坚固耐久。

台阶踏步尺度，位于主入口的踏步，特别是公共建筑的主入口踏步净宽，应较室内楼梯适当放宽为宜，对此室外踏步规格建议按下表采用：

**室外台阶踏步规格表**（单位：mm）

| 类别 | | 低 | 中 | 高 |
|---|---|---|---|---|
| 尺度 | 净高 | 130 | 140 | 150 |
| | 净宽 | 360 | 340 | 320 |
| 直角形台阶 | 上下搭接 | 40 | 40 | 40 |
| | 踏步石料总宽 | 400 | 380 | 360 |
| 有沿的台阶 | 上下搭接 | 60 | 60~70 | 07 08 |
| | 踏步石料总宽 | 420 | 400~410 | 390~400 |

## 勒脚（含柱脚）

勒脚主要是保护室外地坪以上建筑物下部墙体。勒脚的装饰艺术是建筑物全部艺术质量及对环境感观的重要体现。由于勒脚位于视觉直视范畴，可供近距离观察，它的装饰材料，理应与全建筑物相适应的标准比较还要高些为宜。

勒脚正面标高，原则上宜在一个水平线

上。除特殊情况外，一般在有较小坡度的地段上，也是采用一个水平线。勒脚面层色调，一般宜取较墙面颜色稍暗的为宜，这样可以衬托建筑物显得稳重、雄健。对淡化雨水溅污、改善视觉环境也起到较好的作用。

勒脚材料选用，宜结合建筑物性质、功能要求、建筑投资诸因素确定，一般为水泥砂浆抹面、干粘石、水刷石、虎皮石、剁斧石、方整石贴面等，还有预制大理石板、预制水磨石板、陶质面砖等。但面砖质量应注意吸水率，可按建筑物所在地最低气温条件，经过冻胀试验，不脱皮、不裂纹、不破坏为宜。对重要建筑物，还应考虑土壤腐蚀、环境污染、力学损坏、坚固要求等因素，选用优质石料砌筑或镶嵌为宜。常用的有花岗石、辉长石、大理石，也可结合地区特点、色调要求去选用。

勒脚装饰艺术形式、高度、色彩可按构造特点，建筑空间组合情况，建筑物特定装饰艺术要求等来确定。勒脚最低高度应不低于500mm，这样可以保护墙体，不被雨水长期溅污而有损建筑物寿命。

对勒脚剖面的设计，当勒脚较高并有飞檐时，飞檐上部表面应为磨光的并易排水的斜坡，檐板下部应做滴水沟槽，这样可防止或减少湿墙。当勒脚挑檐较大，为防护墙体，挑檐斜坡上应覆盖镀锌铁皮，或其他防锈金属板，以确保排水。有条件时选用光滑表面作勒脚，优点是易于清洗。当选用石质贴面板时，如大理石板、花岗石板等，需在边沿端部用防锈金属丝固定，如铜丝或用其他金属片固定，贴面用砂浆应充满空隙，不应留有孔隙，以免雨水渗入、腐蚀、冻胀，还可减少贴面破坏和维修困难，给墙面装饰艺术造成不良后果。另外，贴面或勾缝用砂浆，在寒冷地区水泥砂浆强度等级还不应低于M5。

## 门贴脸

门贴脸就是对较重要的建筑物的入口，增加具有不同层次艺术要求的保护性装饰。门贴脸不论是有门扇的入口，或是大门洞，都是为人们经常通过并明显看得清楚的位置。门贴脸又是人们对建筑物评价的第一印象，因此要求选用较高级的具有装饰艺术性很强的石料、木料、不易腐蚀的金属或其他人造高级材料。施工时要求按设计精心装修。

门贴脸常会受到外力影响和环境污染，因此选料、制作时，要做到质地坚实、表面光滑、坚固耐久，不易腐蚀破损，并便于清洗干净。

门洞及入口形式多种多样，按类别概括可分为矩形、拱形两种。在镶装石料贴脸时，在底部设有整块底座石。当镶装各种形式贴面石（踢脚线），如为耐腐蚀坚硬材料，也可不设底座石，直接由地面装起。选用大块石料或贴面预制板料，应准确分割纵横接缝位置，并应研磨精密后镶装，以令人不易识别为宜，这样可以进一步增加门脸装饰艺术的风采。选用耐腐蚀金属板制作门贴脸时，应注意拼装方法，以易于施工，拼缝位置应隐蔽，且不易于飞进灰尘、雪、水为宜。

门贴脸的样式，除一般为直角的以外，也应结合建筑物综合装饰艺术要求，与相邻的窗贴脸形式相协调，如为挑檐式、山花式……只要能达到与建筑物整体协调的目的，设计者们可以设计成各种类型的装饰艺术风格。

## 窗贴脸

用石料、砖、面砖、人造石或是用各种水泥制品做窗贴脸，应看成是外墙面上的组成部分，又可能是正面独立的建筑装饰艺术的组成部分。窗贴脸和外墙面其他部件一样，一般情况下，应该有别于墙面装饰色调，并显示出来。窗贴脸可按窗口形状或结合建筑造型要求，设置的横竖线条组成。窗口贴脸艺术造型、设置位置，可根据建筑物整体造型要求提出的条件而设置。形式应与门贴脸统筹考虑，做成三边一样的，或在窗上部做成另外的艺术造型，这样将会丰富整体墙面的装饰艺术。不论选用材料、形状、做法如何，窗口外部窗台板，应为光滑表面，并有5°～10°外窗台披水为宜，以利于排水。台板挑出外墙面不少于50mm，在台板下应设置滴水槽，保证雨水不湿墙，以保护墙体和不损及墙面艺术装饰为宜。

墙的外部窗台板，不论外墙体及其装饰面层采用何种材料和做法，就外窗台板而言，应为不裂纹、不渗透的整体材料或整体抹面材料做成。

在寒冷地区，当窗下外墙体防渗不可靠时，外窗台板披水，可用不锈的金属板做成，并有向外不少于5°的倾斜角，确保排水。施工接缝的施工，应做到不向墙体内渗漏雨水，以免造成墙体严重冻害。

## 柱（柱础、柱身）

柱体经常是公共建筑中主要装饰艺术组成部分之一。柱体除个别情况外，主要是建筑物的重要承重构件。我们对建筑物功能要求和装饰艺术的要求，柱体占有重要位置。柱体还常是人们视觉的首要反映部分，因而常是人们对建筑装饰艺术风格评价的主要目标之一，不论在建筑物室内或外部，柱式的装饰样式，又常是体现建筑物使用功能、精神内涵的重要标志，如希腊多立克柱式，一般认为具有严肃、正直的象征，以后衍变到罗马多立克柱式，其艺术风格则显示着男性的刚毅、朴实、和谐、坚韧的内涵，古时多用于神圣的庙宇，近代多用于庄重的建筑装饰艺术。古时人们认为人体是最美的，这个人本主义观点，对柱式的衍进有着深刻的影响。传说，多立克柱式是象征矫健男性的，而爱奥尼柱式则是象征柔美女性的。在古希腊建筑中，确有用男子雕像代替多立克柱式，用女子雕像代替爱奥尼柱式的实例。

希腊多立克的柱体比例，显示出强壮（柱底直径与柱高比为1：5.5～5.75），表现着矫健。檐部厚重（檐高为柱高1/3），柱头是简洁挺拔的倒立圆锥台，柱身周围有20个凹槽。槽端为尖刃的棱角，没有柱础，立于稳重的三层台基上。以后罗马人继承了希腊的柱式，为了解决原希腊柱式同罗马高大的、多层的建筑物的体量和重量在运用上的矛盾，发展成古罗马多立克柱式，其各部分比例、规格都有不同的变化，其装饰艺术也改变了希腊柱式的典雅和庄重，而趋向于精细、华丽。这一时期原希腊科林斯柱式曾受到青睐，而希腊多立克柱式，竟被淘汰。

爱奥尼柱式有着修长的比例（柱底直径与柱高比为1：9～10）、轻巧的檐部（檐高为柱高的1/4以下）和精细美丽的涡卷。柱身周围有24个凹槽相交，槽端顶部有弧形面，柱体立于富有诗意的多层曲面柱础上，有的柱础上还雕刻有花饰，更显示出蕴藏女性的神韵。这种柱式广泛用之于公共建筑、居住建筑以及纪念性建筑上。

科林斯柱式，实际是爱奥尼克柱式的发展，只是在柱头上由忍冬草的叶片组成一簇花篮，显示柱头更具有女性华丽装饰的风采。其他柱身、柱础与爱奥尼柱式一般是一样的。罗马人继承和发展了希腊三种柱式，进而成为五种柱式，即在原有三种柱式基础上，又发展有塔司干柱式和混合柱式。

塔司干柱式是在罗马多立克柱式基础上，对檐壁和柱身进一步作了简洁处理，去掉檐壁的三陇板和嵌板及柱身凹槽，形成光洁的檐壁和柱身。

混合柱式是在科林斯柱式基础上对檐壁进一步加强艺术美化。柱头基本是纳入爱奥尼柱头的涡卷和科林斯式柱头下部的忍冬草叶混合组成的。

柱头经过以后各个历史发展时期，结合各自不同要求，不断创新变化，装饰艺术丰富多彩。

柱身的构造，在钢筋混凝土结构出现以前，承重柱为坚质石料切割多段圆柱体拼接而成。在施工中，也有采用预加工抛光块体石料拼接砌筑的，或以块体材料砌筑后，按不同需要，选用各种贴砌装饰艺术材料，组成各种柱式。

经抛光加工的多段圆柱体，当用石料拼筑柱体施工时，各段柱体之间可与轴心用钢楔连接，并要保证每段柱体上表面水平线与柱心轴线绝对垂直（其他块料砌筑时，亦应如此），以做到轴向负荷垂直传递，避免产生弯矩。用块料砌筑的柱体，或钢筋混凝土柱体，外表面需镶嵌花岗石、大理石等高级石料时，需用铜丝固定，板后空隙浇筑饱满的水泥砂浆，以达到安装牢固。

用石料型材镶装圆形柱，由于柱径的变化，预制加工的弧形石料贴面板，各分段规格非常复杂，耗费工时，不适于推广。只有在特殊需要时，才选用此弧形石料加工工艺措施。这种石料预加工抛光工艺，只有需要方整形柱面时，才会被人们推广应用。对要求光圆面的柱体装饰时，除预制高级石料工艺之外，一般多采用人造石或面砖贴面，近代还用多彩不锈钢板装饰柱身。

各式柱头及其花饰、柱座曲线部分，为便于加工及坚固耐久，近代多用青铜（合金铜）制作，用大理石等贵重材料雕刻而成的复杂通透花饰柱头，只在很少重要性建筑物中使用。而近代为节省工时、降低成本，在外部多采用水泥制作花饰，在室内多为石膏制作花饰。通用定型的各种石膏花饰制品，现已普遍在市场上出售，并在一些城市成为一般工程的室内、外装饰主要组合构件，被广为使用。

各种柱式除用柱群组成柱廊，或以单柱作为主要装饰的一部分独立主柱之外，还有扶壁柱、巨形扶壁柱等其他种类型，也被广泛应用于近代建筑中。当用圆形柱作为扶壁柱时，应注意柱体突出墙面部分，宜大于柱径的3/4方可保持圆柱体的饱满柱形，显示出端庄典雅的柱型风采。

## 墙

采用天然石料或人造高级墙面料等，把墙面全部镶贴起来，是保护建筑物方法之一。同时也是重要的、纪念性建筑物一种最好的立面装饰手段。天然石料墙面可以显示建筑物具有宏伟、壮丽、艺术、坚固、耐久的格调。一栋高层建筑物外立面全部采用石料装饰，投资就会过高，所以人们经常是在一、二层外墙面，镶贴色调暗的、纹理观感好的、贵重磨光石料或方整花岗岩石料，以降低全楼的投资。给墙镶贴面料，通常使用艺术上明亮的色调和纹理材料。如给楼全面镶贴时，对二层以上部分，由于视距远，视觉不清，往往可采用低价软质稍次的材料。

附图图示板材规格多为400mm×600mm，厚度为50~100mm，用于下部虎皮石厚度可达250mm，厚度系手工加工制作，砌筑、贴砌均可。国际市场机械加工高级石板板材，一般厚度是20mm，近期生产还有10mm厚的，很受施工单位欢迎。这种板材，一面抛光，四边倒棱，背面有2~3mm深三条带槽，以利增加附着力。石板通常应钻孔用铜丝绑扎在固定钢筋网上。石板定位后，板后缝隙，要用1:1.5~2.0水泥砂浆灌填饱满。当贴面高度小于1m时，可不用钢筋网，直接铺贴，此外还有聚酯砂浆固定法，树脂胶粘结法，皆可依据铺贴位置、要求、施工条件等因素，确定铺贴方案。

在普通的建筑物，除一、二层外墙面，贴有块料面层外，为降低投资，其他外层多采用水泥拉毛、水刷石、装饰混凝土、水泥抹面打底，刷或喷涂涂料、油漆、彩色水泥砂浆等新材料，或者贴陶瓷面砖等；也有用不规律的石板贴面，交替镶贴；也可用自然石块块状镶贴，只是需用手工砌筑，且稍费工时，但成本不高，其镶贴艺术效果还是很出色的。结合建筑造型要求、投资情况，我们应该注意选用那些既耐久，又能适应地区气温变化，不变形，不风化，盐析结晶少，又能常年保持颜色不变色、不褪色的建筑装饰材料，使装饰艺术充满活力，永葆青春。

不论采用何种整体面层，结合地区最高和最低温度影响，都应注意设置温度缝，其位置在满足不变形条件下，应结合墙面综合情况划分，慎重设计，因为这往往成为墙面装饰艺术的重要组成部分。设置温度缝在寒冷地区，此点尤为重要。

对用轻质易吸湿的材料砌筑的墙体，于墙面装饰前应在窗台、门口下部墙体上表面需做 40～50mm 厚的防水钢丝网混凝土一层，并对门窗洞口两端各伸入墙体内 200mm 为宜。这样可以保证防止雨水渗入墙内。在寒冷地区采用轻质材料砌筑填充墙体，或为复合墙体，都应贯彻这一措施，否则，对外墙使用功能、装饰艺术，都将会造成严重后果。

## 阳台与敞廊

阳台和敞廊在居住建筑或公共建筑中，除使用功能之外，还是具有象征性的建筑装饰艺术的组成部分。

在旧建筑群中，较重要的低层建筑物中，常可见到用石料砌筑的阳台。用以形成与正立面的建筑艺术造型统一协调。石料多为质地坚硬并研磨平整抛光后使用。在近代建筑、高层建筑中，其下部作为整体建筑物的基座形式设计时，也可见到上述对阳台的做法。

当阳台伸出部分较大时，在阳台下是要用托架来支撑的，在托架上再铺以石板，而托架则是装饰艺术的重点。近代建筑中，对此皆用钢筋混凝土构造来完成。只是为了正面装饰艺术造型的需要，才做成各种式样的托架，并视为装饰艺术的重点，同时设计出有着各种图案的阳台，以示华贵。

阳台或敞廊的防护，可采用各式金属栏栅，或用块体加筋砌筑的围栏，或做成各式通透花饰或做成多种封闭式围栏。这里需要指出和引起我们注意的是，阳台围栏的表面图案和色调，往往是构成建筑物艺术装饰醒目的标题。

阳台和敞廊在使用上，具有各种功能，作为休闲眺望的场所，阳台内要考虑到人们经常去接触的地面及墙面，应创造出较为舒适的环境，以满足人们使用的要求。在居住建筑中，风沙较大或寒冷地区，宜做成玻璃封闭，以保持阳台内卫生和相对温度稳定。由于阳台、敞廊是接触大气自然环境场所，对环境保护、防止风雨侵袭、烟尘飞扬，在设计中应充分予以考虑，其中按需要条件来密闭缝隙，设置雨水管应是不可少的。

## 屋檐

在20世纪以前建造的较为重要的低层建筑物，屋檐大多数是用石灰石建造的。探出墙外表面的屋檐构造，是通过逐层探出坚固的砌块，并用金属件加固来完成的。出檐上部用金属板做成斜坡来作为散水坡。重要的建筑物的屋檐多是用研磨的花岗石或大理石来完成。以前这种做法，必将大量消耗优质石材，所以只能在"就地取材"的条件下，才会这样做。

近代钢筋混凝土问世之后，房屋建造的高度不断增加。屋檐构造除特殊建筑物外，已不再用石料或其他块料直接来完成，而是采用钢筋混凝土悬臂构件作为支撑上砌块料，镶以人造石或镶贴石片、陶瓷砖等材料，按要求来完成。探出屋檐的上部，仍需做成散水坡，并以金属板来覆盖。檐头贴面接缝，要密实，不能渗水。在檐头下部还应做滴水槽，这样才有利于保护檐头，延长建筑物寿命。

在檐壁有挑出外墙面做腰线时，如挑出较小时，可用砌筑石料或其他块料来完成。并应注意材料质量和色调，能与墙面同步或协调即可，但同时也要注意采用披水坡度和滴水槽等重要措施，防止雨水流向下部墙体。

莫斯科市  斯克里福索斯基医院（1795~1803 年）

弧形柱廊：台阶为圆形边沿踏步，由砂岩条石砌筑。

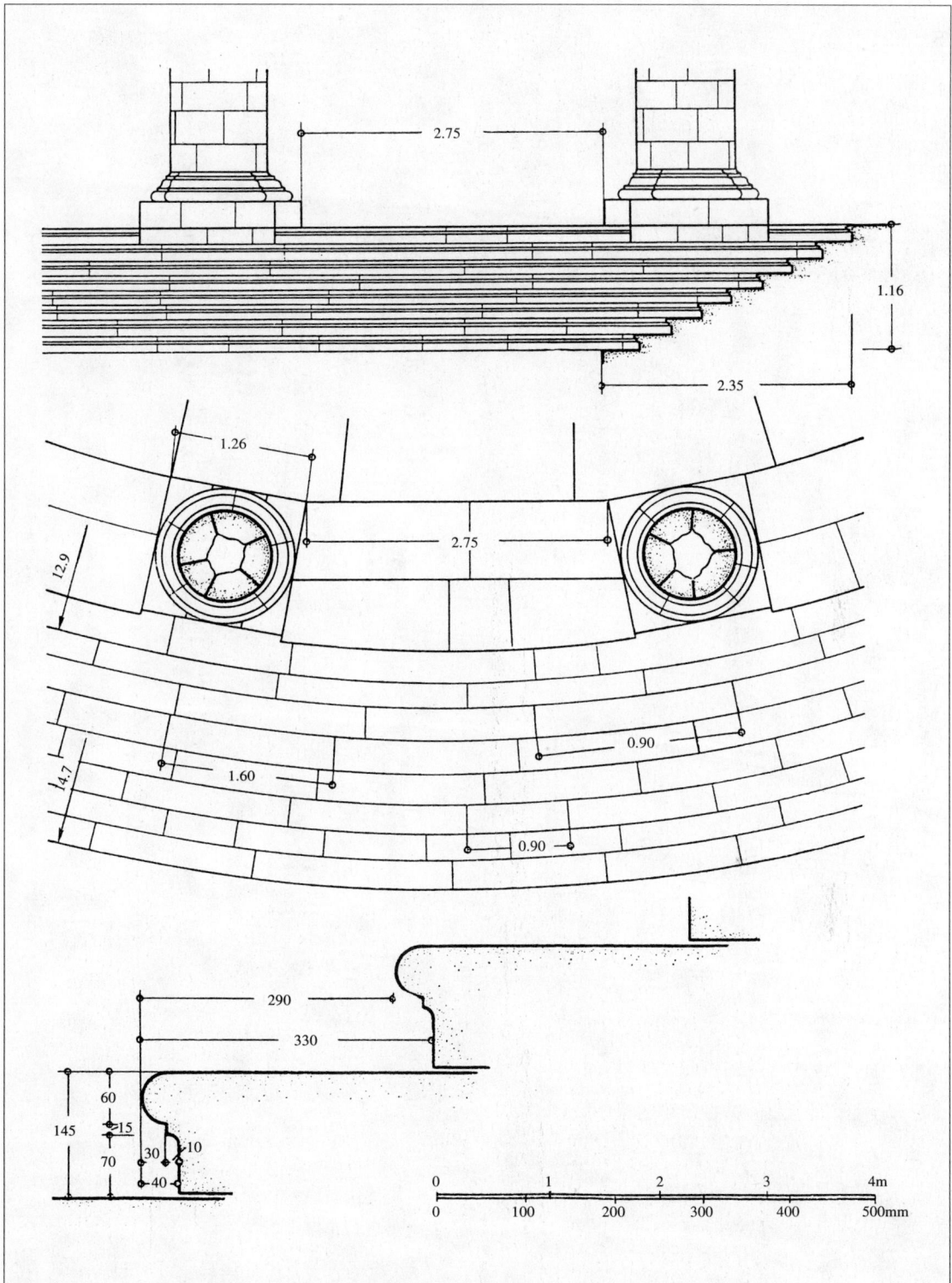

**莫斯科市　格拉茨医院**（1823 年）
台阶为直角形踏步，由砂岩条石砌筑。

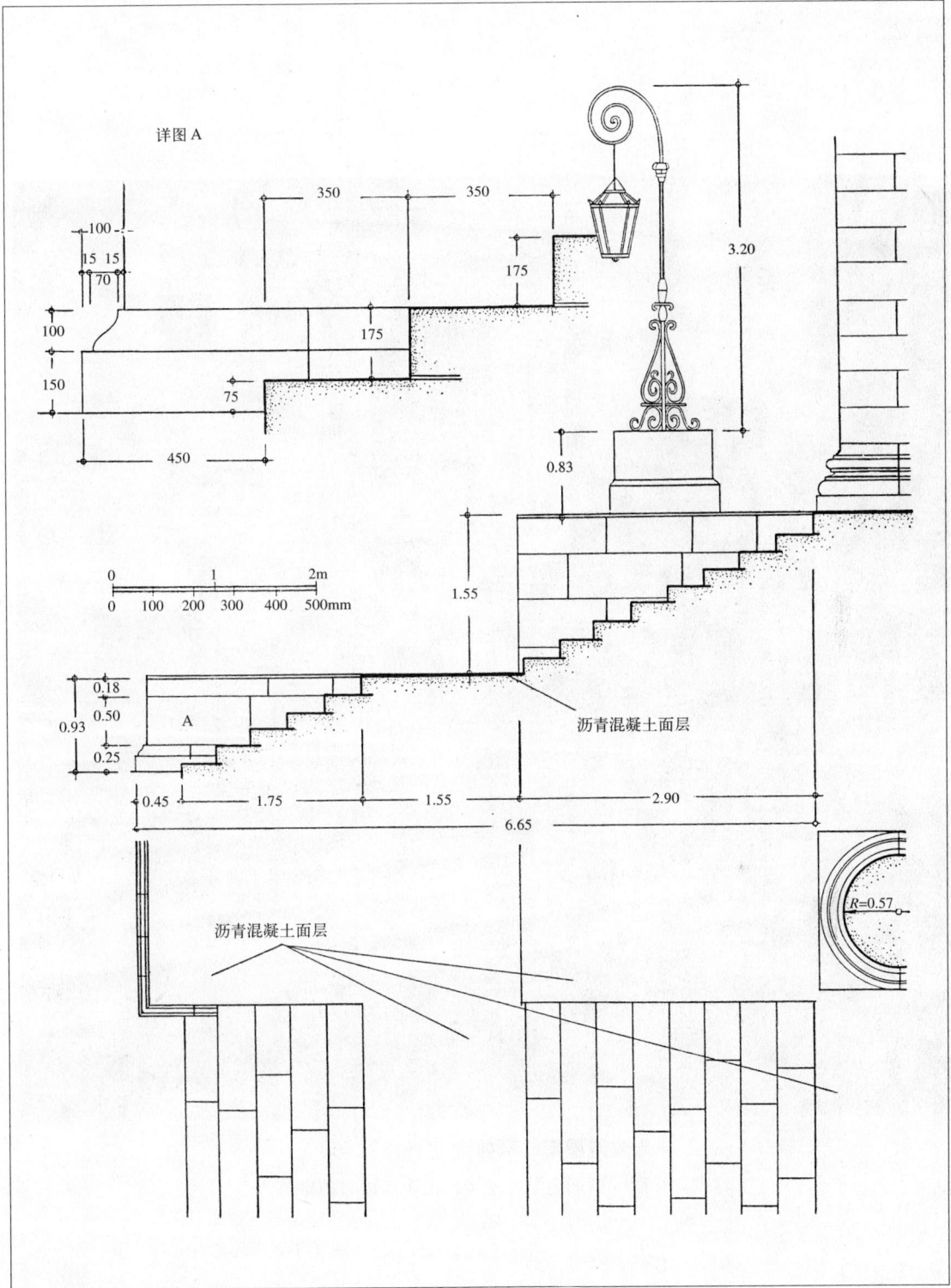

详图 A

350　350

100
15　15
70
100
175
150
175
75
450

0　1　2m
0　100　200　300　400　500mm

3.20

0.83

1.55

0.18
0.50
0.93
A
0.25
0.45　1.75　1.55　2.90

沥青混凝土面层

6.65

R=0.57

沥青混凝土面层

**圣彼得堡市　耶拉金宫**（1822 年）
转向台阶为圆形边沿的踏步，由花岗岩石板砌筑。

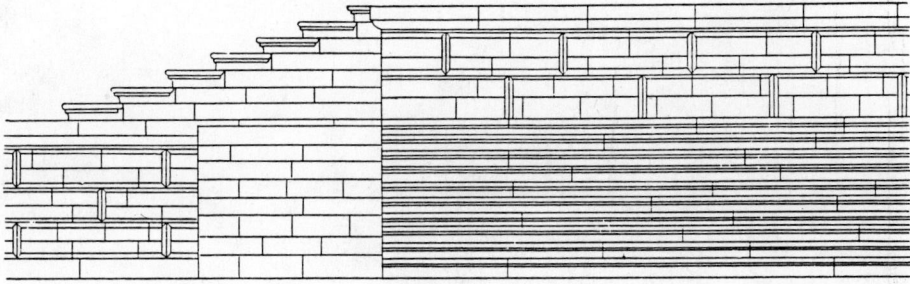

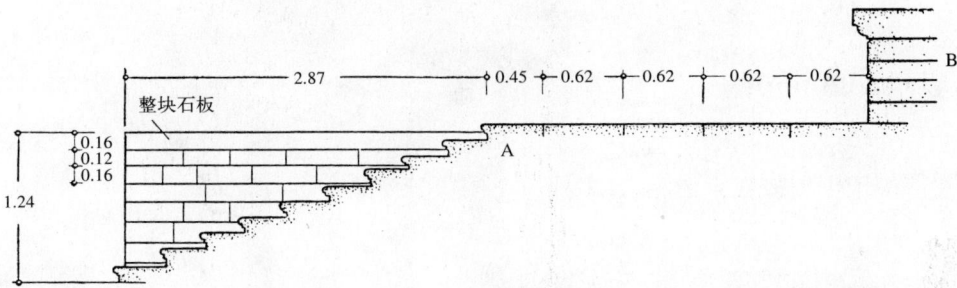

整块石板

A

B

2.87 ｜ 0.45 ｜ 0.62 ｜ 0.62 ｜ 0.62 ｜ 0.62

0.16
0.12
0.16

1.24

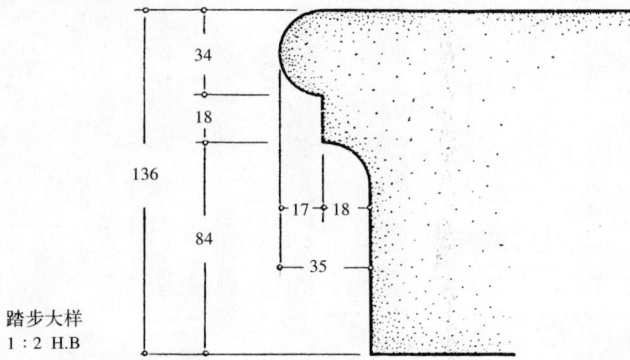

踏步大样
1：2 H.B

34
18
136
84
17 18
35

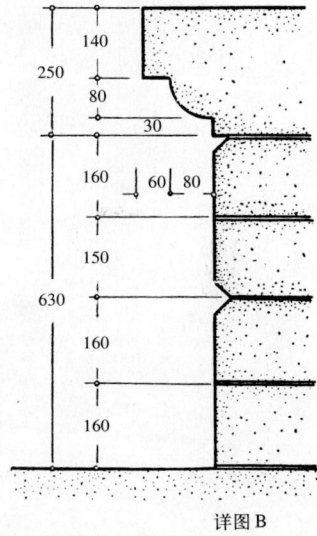

140
250
80
30
160 60 80
150
630
160
160

详图 B

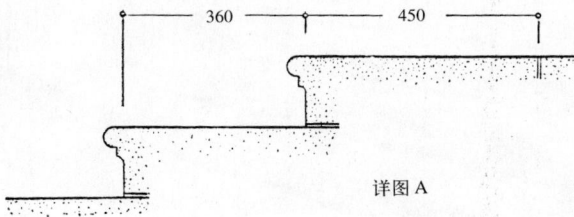

360 450

详图 A

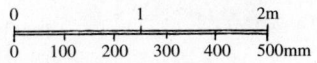

0　　　　1　　　　2m
0　100　200　300　400　500mm

**莫斯科市 普希金造型艺术博物馆**（1912 年）
台阶为后沿有上出弧形沿直角踏步，由银灰色花岗石砌筑。

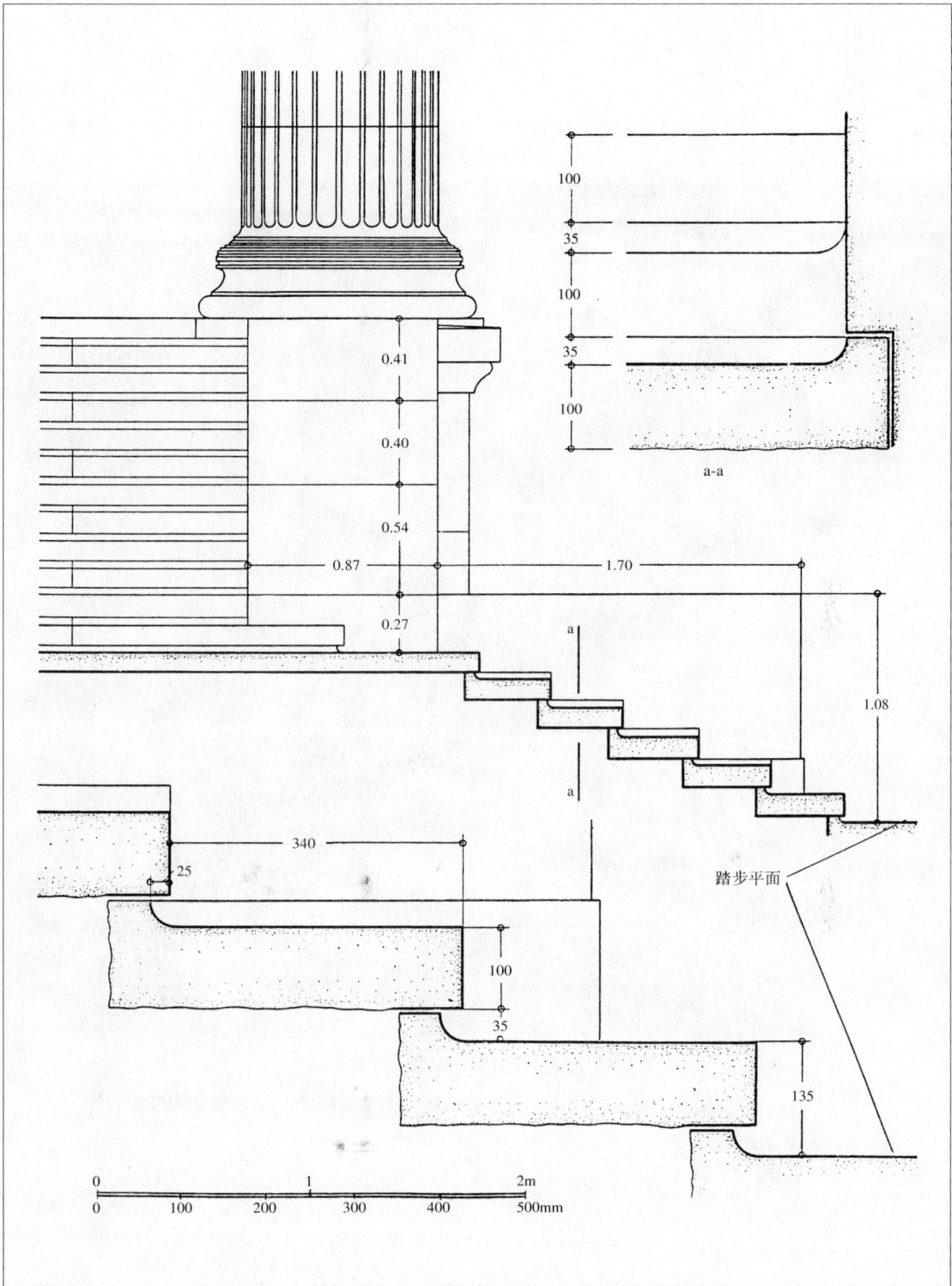

0.41

0.40

0.54

0.87                    1.70

0.27

100

35

100

35

100

a-a

a

a

1.08

340

25

100

35

135

踏步平面

| 0 | | | | 1 | | | 2m |
|---|---|---|---|---|---|---|---|
| 0 | 100 | 200 | 300 | 400 | 500mm | | |

**圣彼得堡市 祖国电影院**（1915 年）

台阶为直角边沿的踏步，由琢面银灰色花岗石砌筑。图中护栏为花岗石雕刻的浮雕装饰。

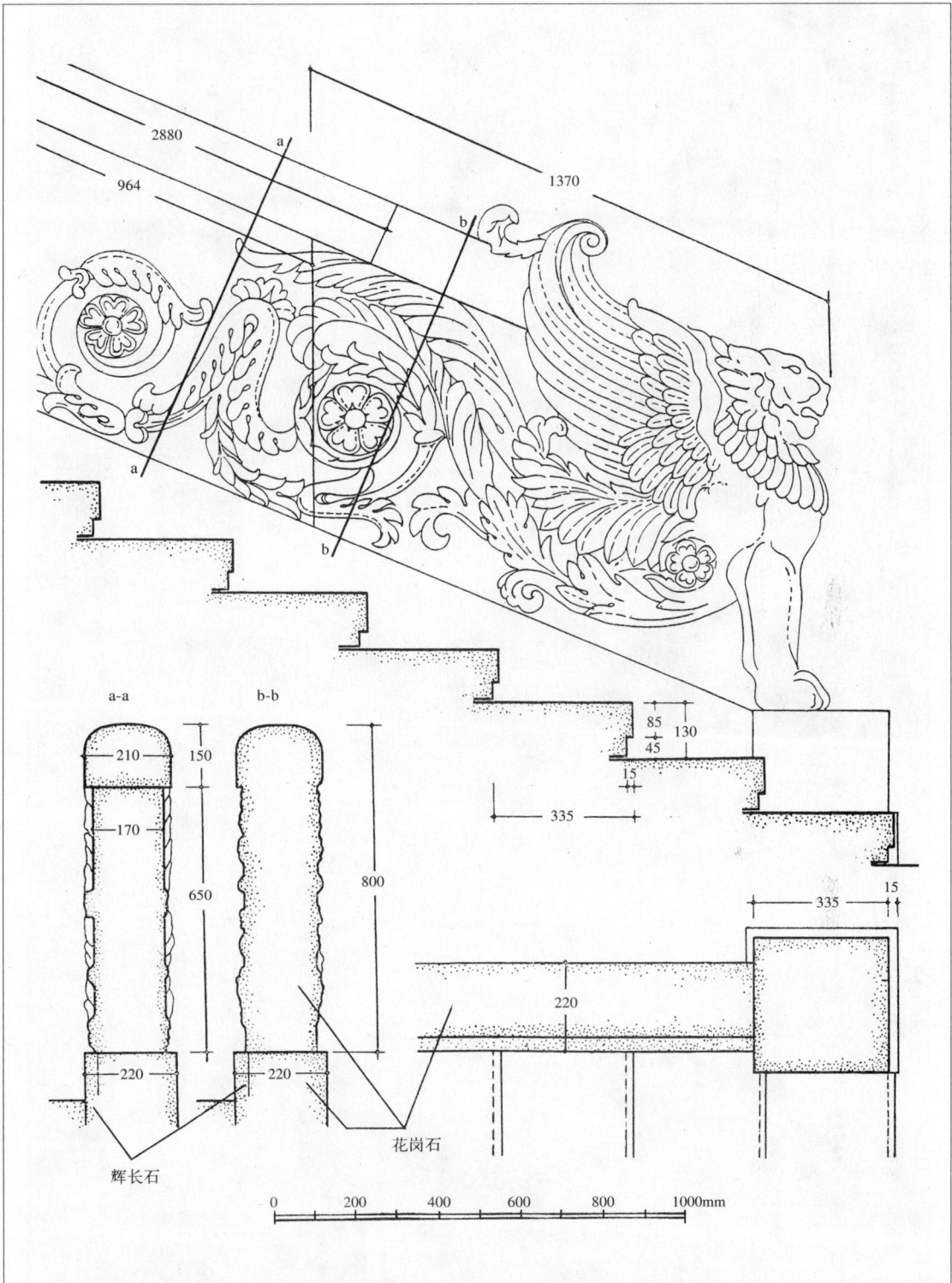

2880

964

1370

a

a

b

b

a-a

b-b

210

150

170

650

800

220

220

85

130

45

15

335

15

335

220

花岗石

辉长石

0    200    400    600    800    1000mm

莫斯科—圣彼得堡公路　俄罗斯宾馆（1951 年）

台阶为直角形踏步，由琢面花岗石砌筑。

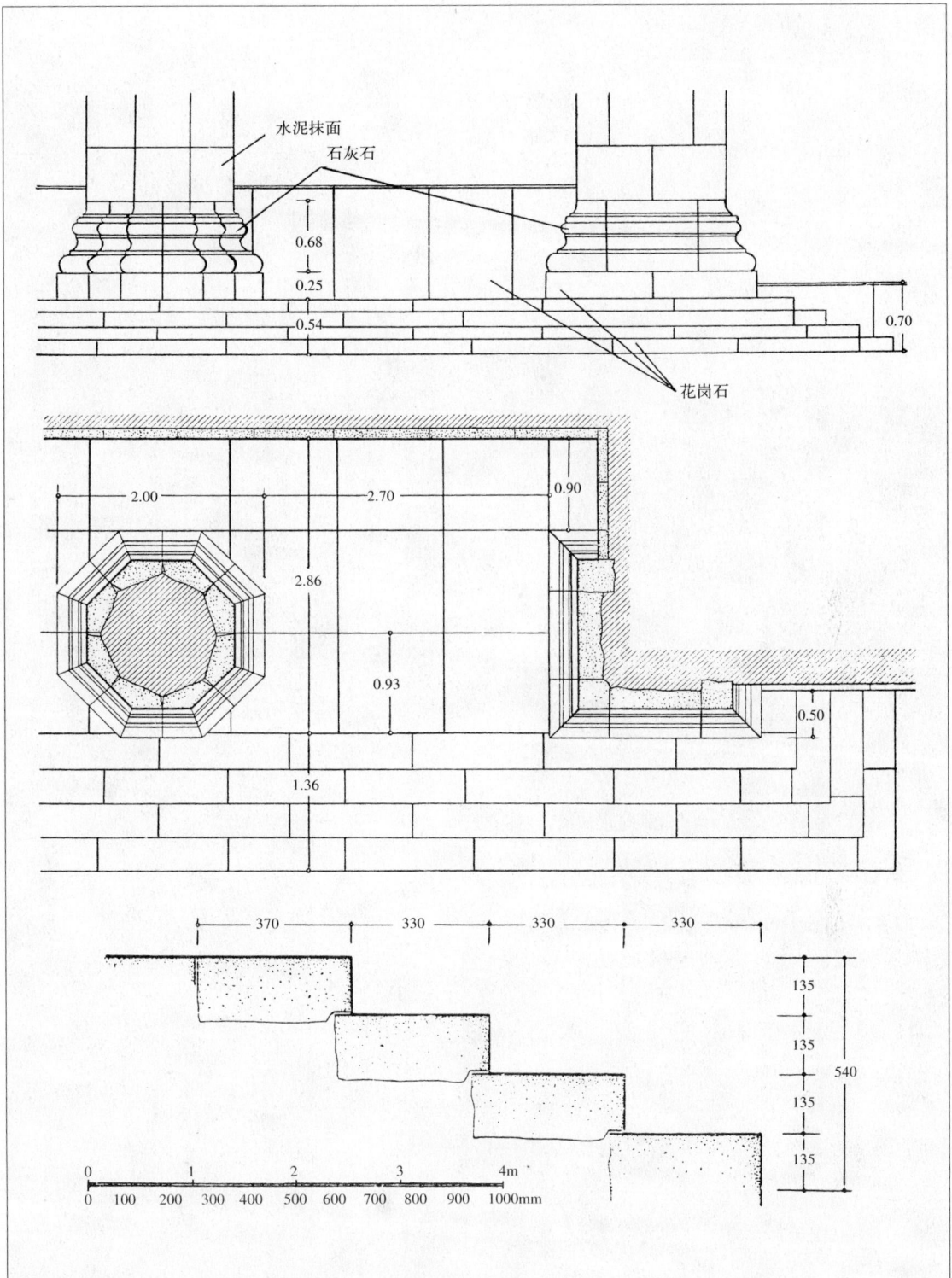

水泥抹面
石灰石

0.68
0.25
0.54
0.70

花岗石

2.00    2.70    0.90
2.86
0.93
0.50
1.36

370    330    330    330

135
135
540
135
135

0    1    2    3    4m
0    100    200    300    400    500    600    700    800    900    1000mm

**圣彼得堡市　基洛夫体育场**（1951 年）

台阶为圆形边沿的踏步，由方石板砌筑。

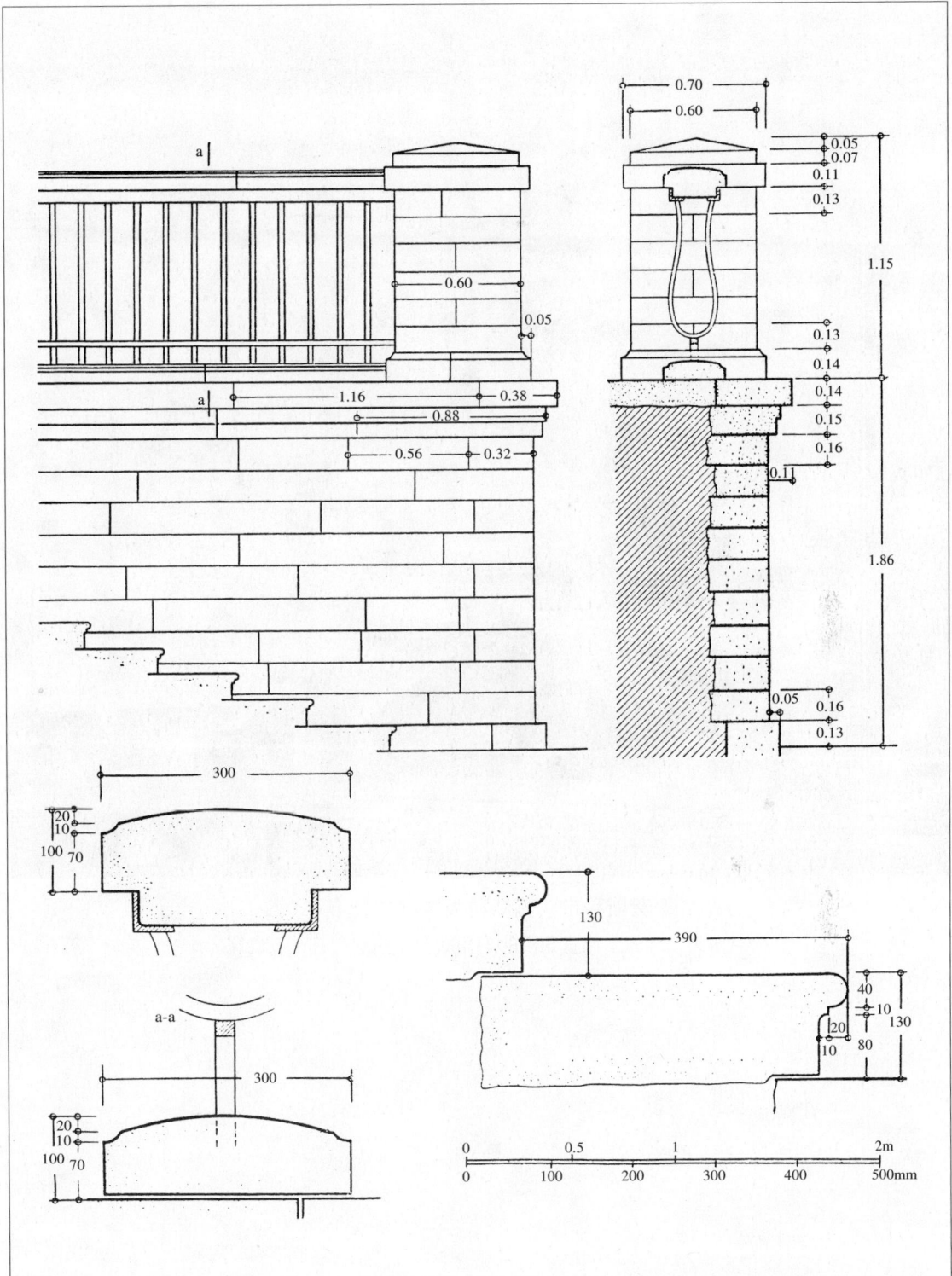

**莫斯科市　莫斯科大学**（1953 年）
台阶为后缘有上出直角沿的直角踏步，由红色花岗石砌筑。

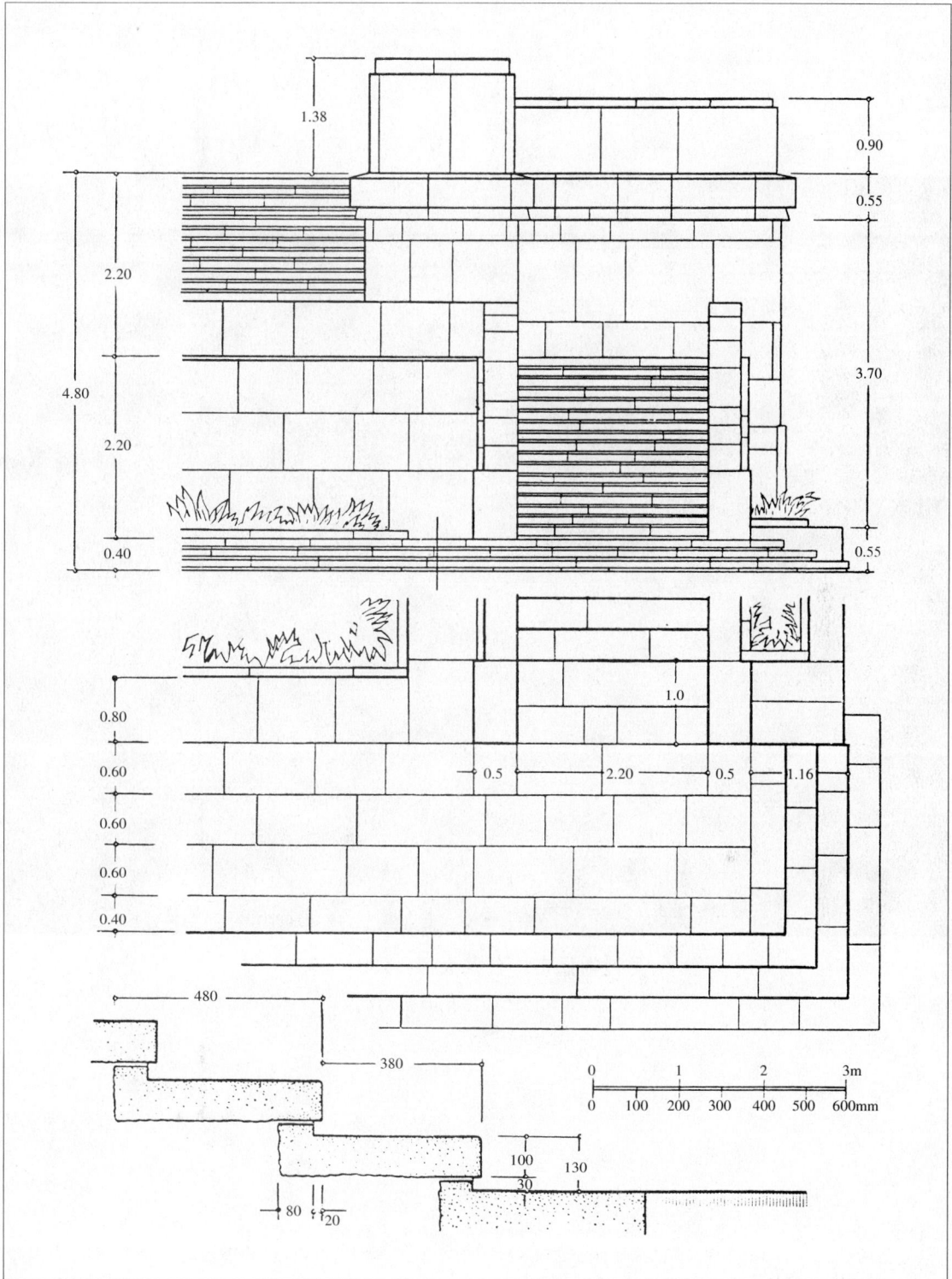

1.38

0.90

0.55

2.20

3.70

4.80

2.20

0.40

0.55

0.80

0.60

0.60

0.60

0.40

1.0

0.5　2.20　0.5　1.16

480

380

0　1　2　3m

0　100　200　300　400　500　600mm

100　130

30

80　20

**圣彼得堡市　公共大楼**（1804 年）

勒脚为磨光红色花岗石砌筑。

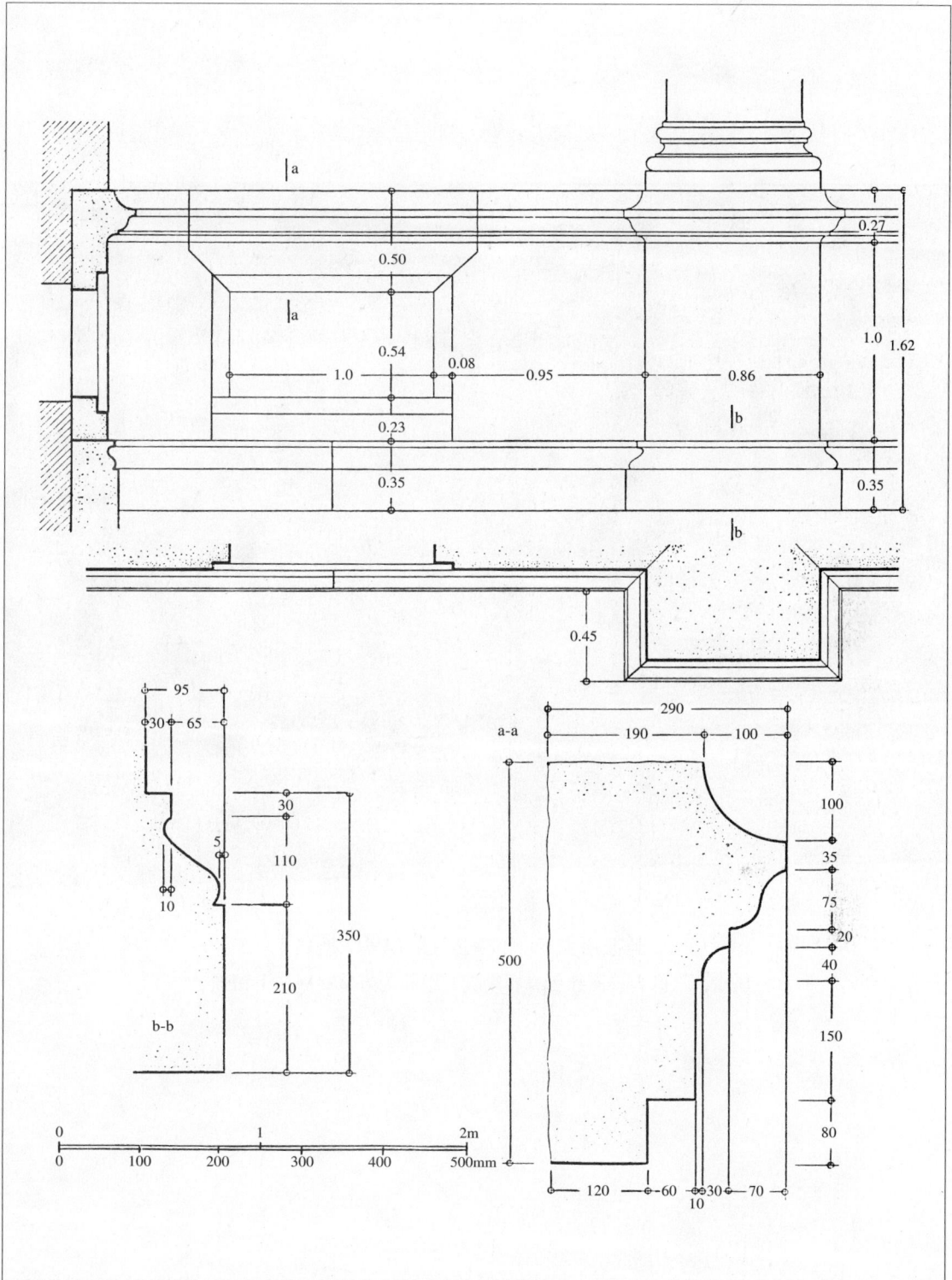

0.27

0.50

a

a

0.54

1.0   0.08   0.95   0.86

1.0   1.62

b

0.23

0.35   0.35

b

0.45

95

30   65

30

5

110

10

210

350

b-b

a-a

290

190   100

100

35

75

20

40

500

150

80

120   60   30   70

10

0   1   2m

0   100   200   300   400   500mm

**圣彼得堡市   住宅大楼**（1909 年）
基座、飞檐为镜面红色岩石砌筑，中间为方整石板凿毛镶嵌。

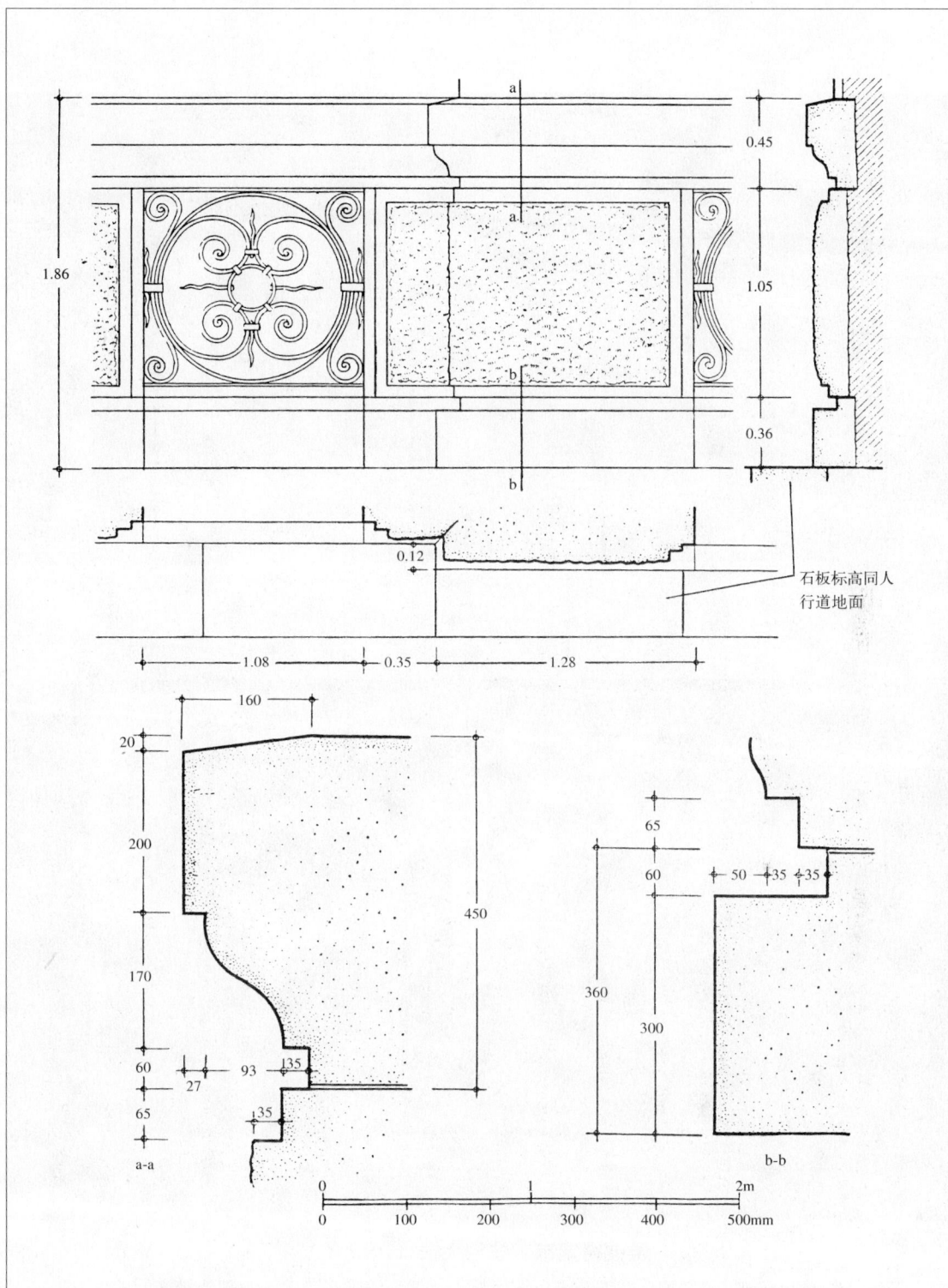

0.45

1.86

1.05

0.36

0.12

石板标高同人
行道地面

1.08 0.35 1.28

160

20

200

450

170

60 93 135

27

135

65

a-a

65

60 50 35 35

360

300

b-b

0 1 2m

0 100 200 300 400 500mm

圣彼得堡市　住宅大楼（1912年）

三段红色方整石砌筑的勒脚（底部为暗色镜面石，上部为浅色石凿毛，中部为稍亮的虎皮石）。

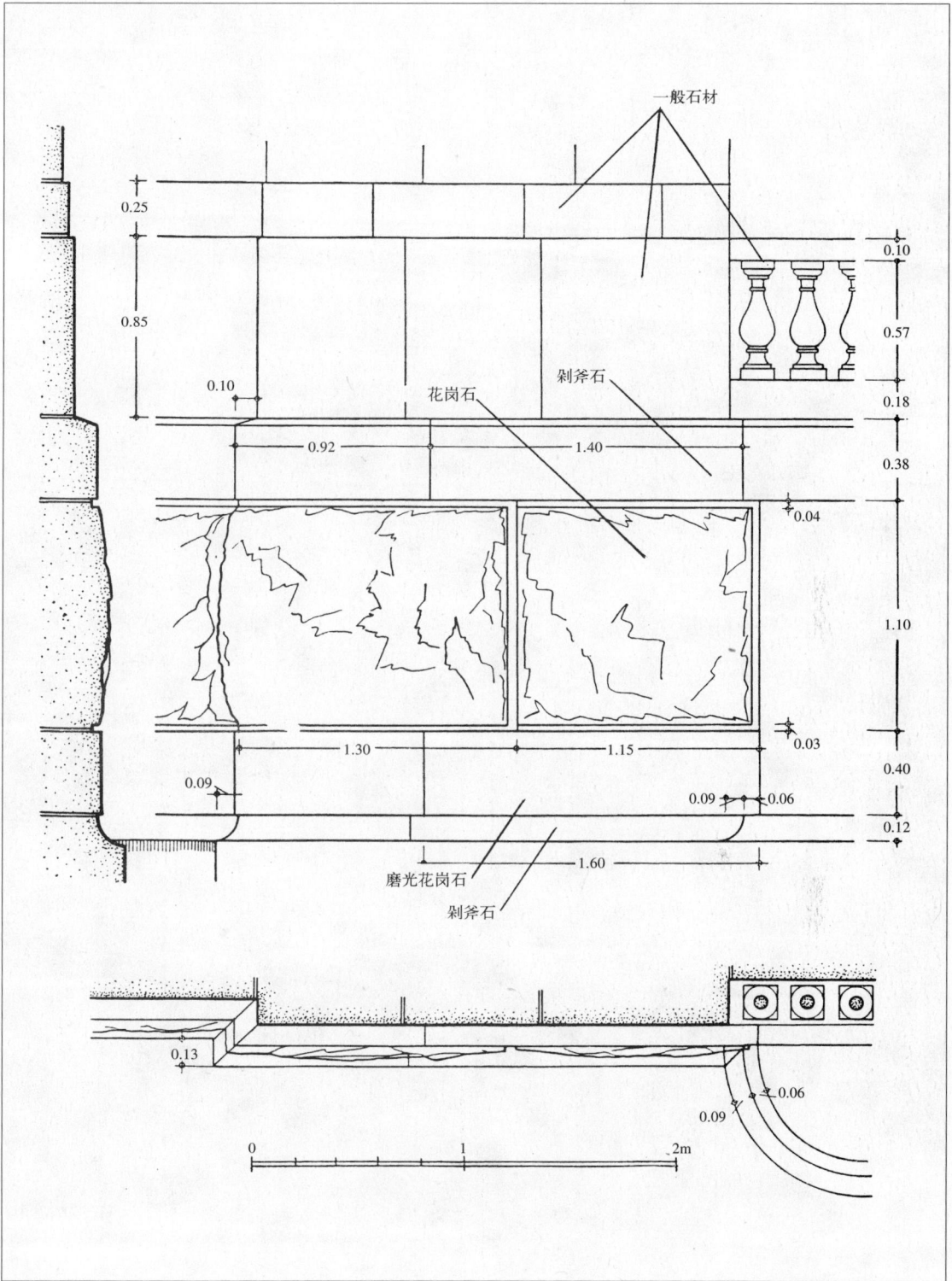

一般石材

0.25

0.85

0.10

0.10

0.57

0.18

花岗石

剁斧石

0.92

1.40

0.38

0.04

1.10

1.30

1.15

0.03

0.40

0.09

0.09　0.06

0.12

磨光花岗石

1.60

剁斧石

0.13

0.06

0.09

0　　　　　1　　　　　2m

**莫斯科市　普希金造型艺术博物馆**（1912 年）

基座、飞檐为银灰色花岗石，勒脚墙面为方整石彻筑（凿毛）。

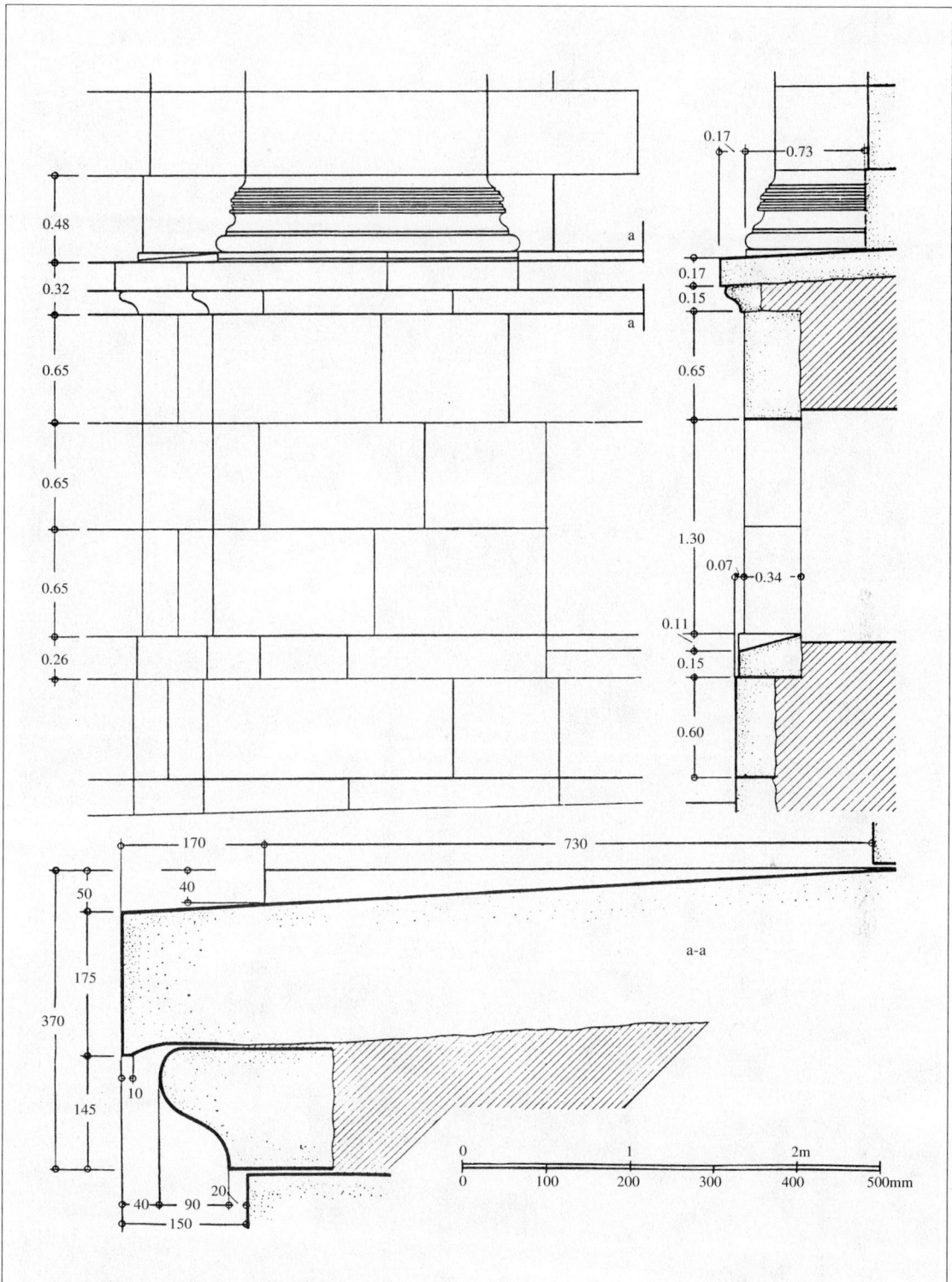

0.48

0.32

0.65

0.65

0.65

0.26

0.17

0.73

0.17

0.15

0.65

1.30

0.07 0.34

0.11

0.15

0.60

a-a

170 730

50

40

175

370

145

10

40 90 20

150

0 1 2m

0 100 200 300 400 500mm

**莫斯科市　市政大楼**（1936 年）
基座、飞檐、墙面均用镜面淡红色花岗石，勒脚由铁件固定砌筑。

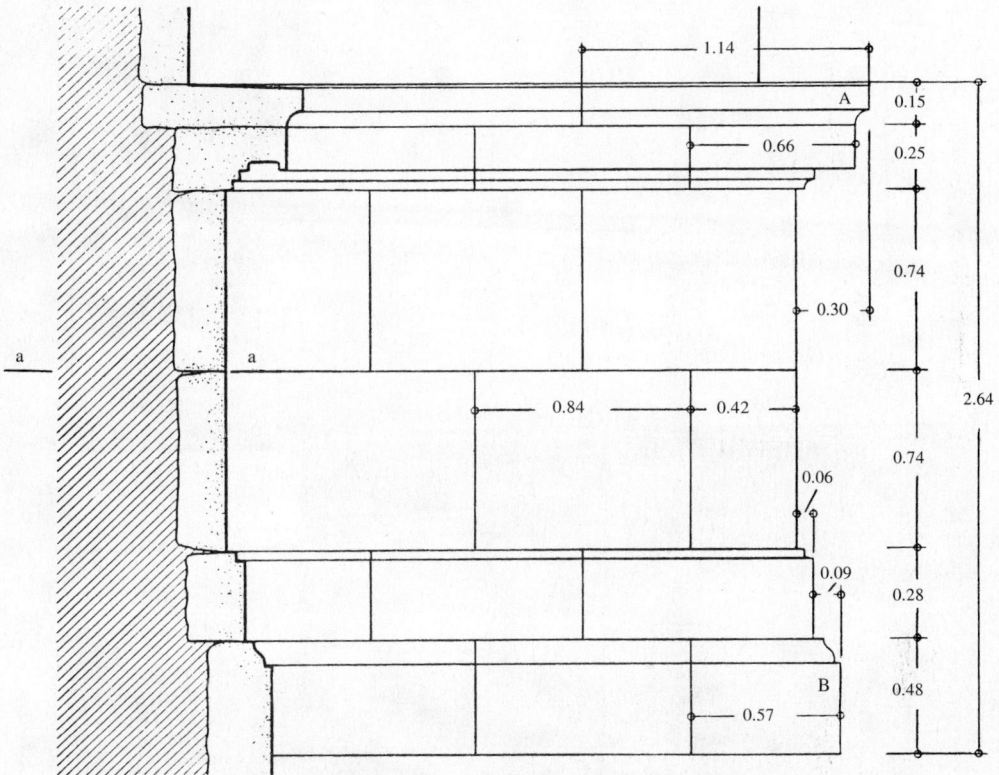

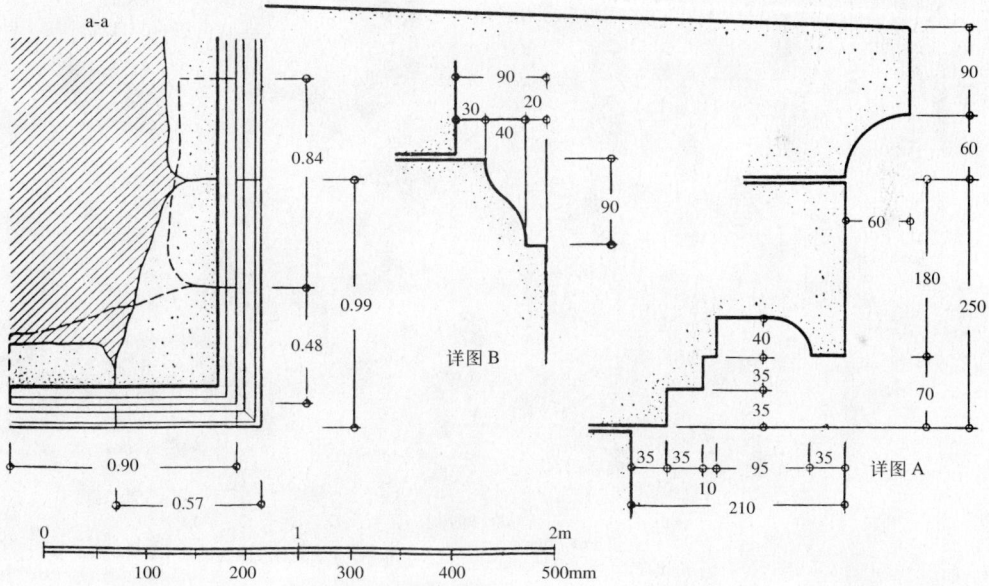

详图 B

详图 A

a-a

0 　　　　　　1 　　　　　2m
100 　200 　300 　400 　500mm

**莫斯科市　俄罗斯宾馆（1951 年）**
圆形基座及探出部分为红色镜面花岗石镶贴面层。

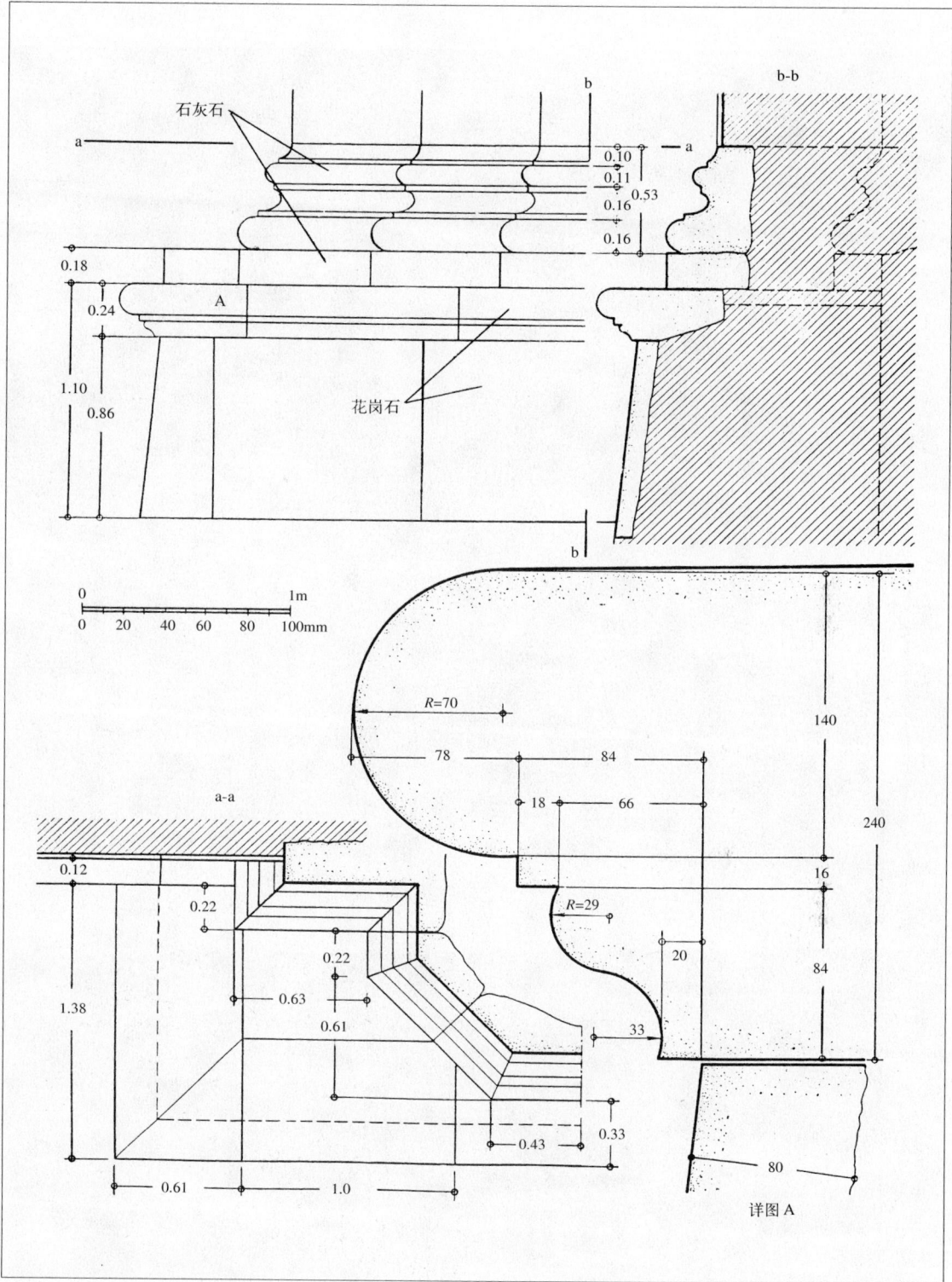

石灰石

0.10
0.11
0.53
0.16
0.16

0.18
0.24
A
花岗石
1.10
0.86

b-b
a

0　　　　　　1m
0　20　40　60　80　100mm

R=70
78　　84
18　66
140
16
240

a-a
0.12
0.22
0.22
0.63
0.61
R=29
20
84
1.38
33
0.43　0.33
0.61　1.0
80

详图A

**莫斯科市　莫斯科大学宿舍**（1953 年）

基座为镜面红色花岗石砌筑，勒脚为镜面石板镶贴，飞檐下部应设滴水檐。

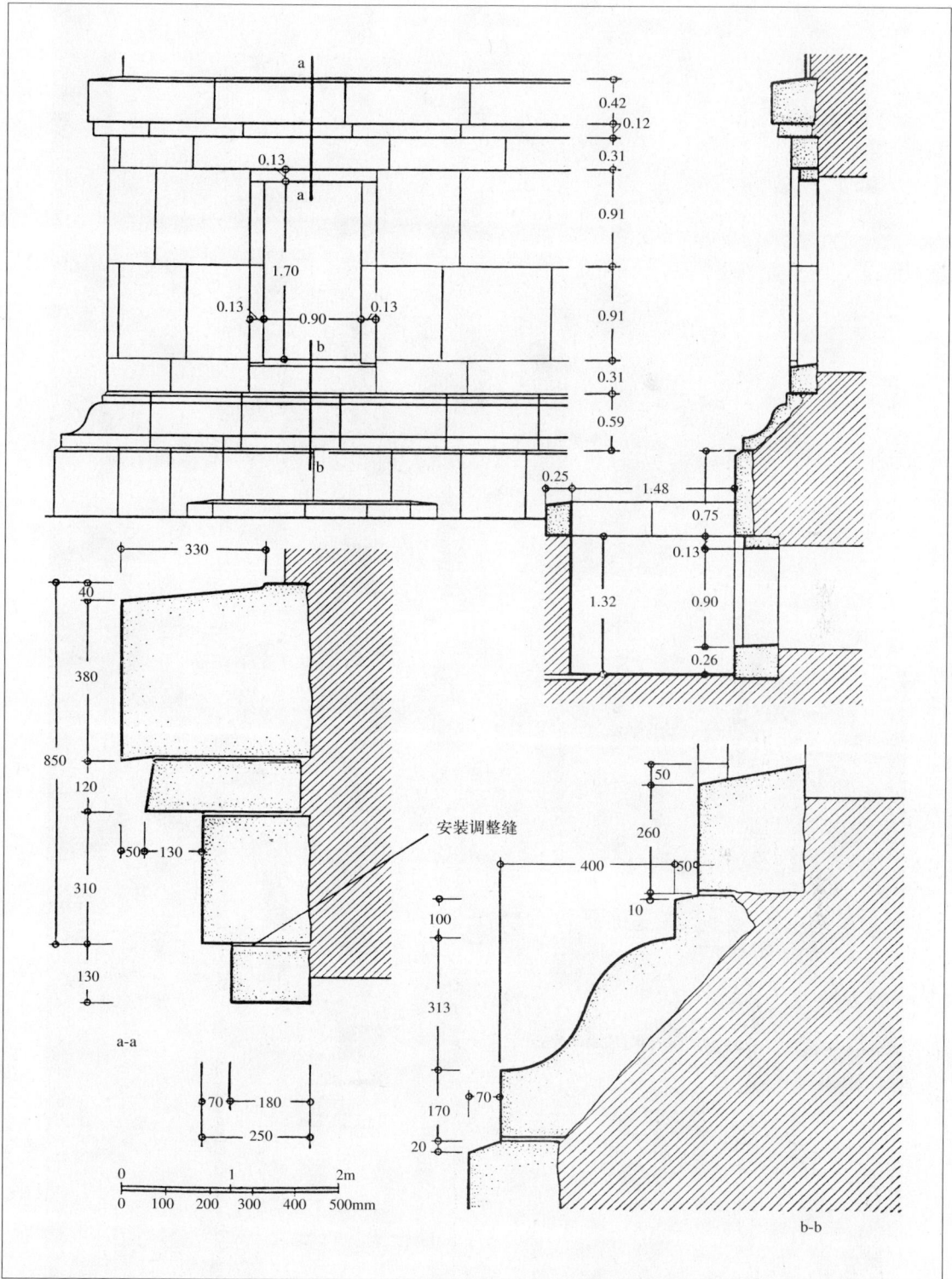

安装调整缝

a-a

b-b

0.42
0.12
0.31
0.91
0.91
0.31
0.59
0.13
1.70
0.13    0.90    0.13
0.25    1.48
0.75
0.13
0.90
0.26
1.32

330
40
380
120
850
500 130
310
130

50
260
400 500
10
100
313
170
20
70

70 180
250

0    1    2m
0 100 200 300 400 500mm

**莫斯科市　市政大楼**（1952 年）

基座为镜面红色花岗石砌筑，勒脚为镜面石板镶贴。

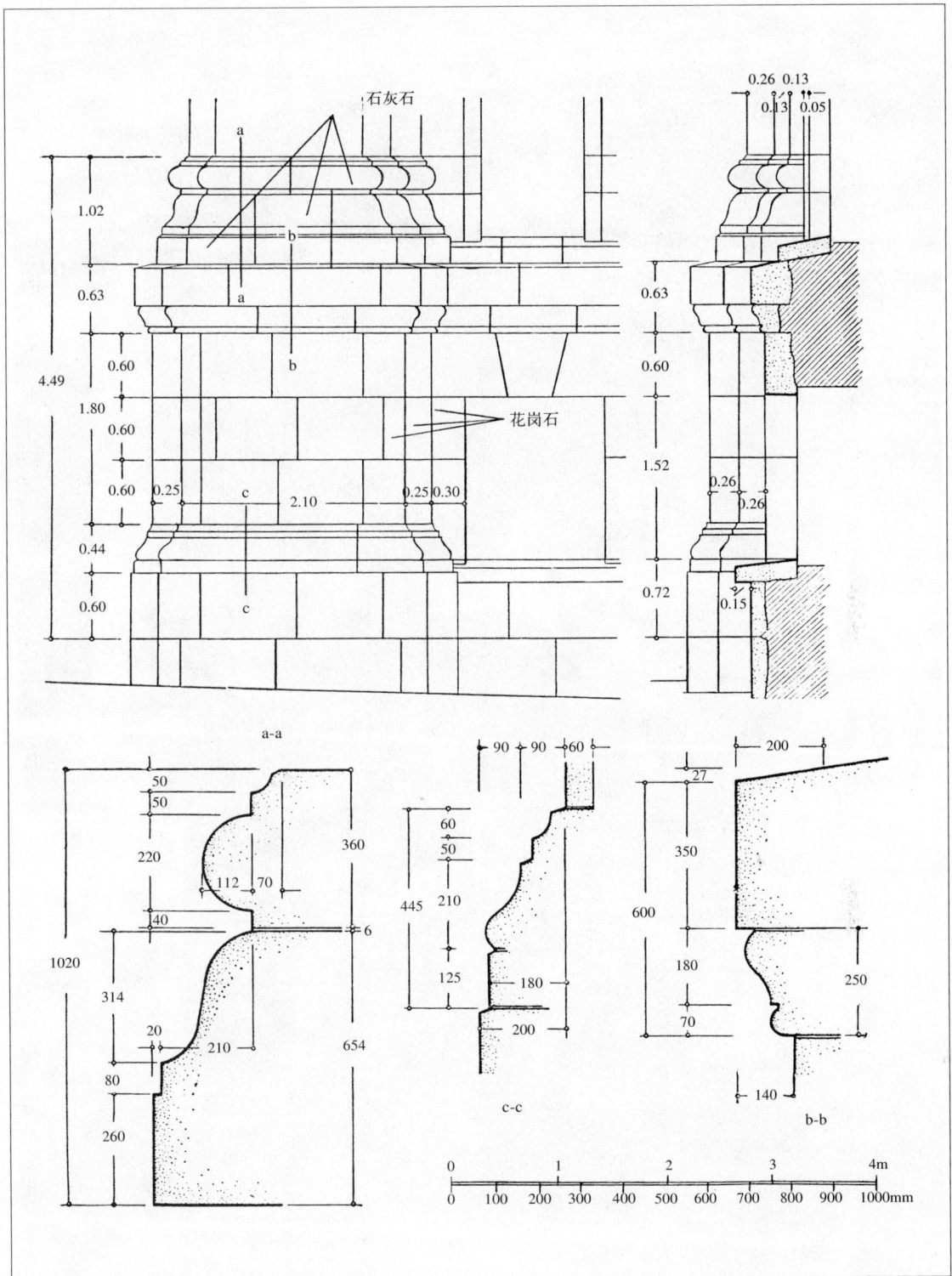

石灰石

1.02
0.63
4.49
1.80
0.60
0.60
0.44
0.60
0.60
0.60
0.25    c    2.10    0.25 0.30

花岗石

0.26 0.13
0.13 0.05
0.63
0.60
1.52
0.26
0.26
0.72
0.15

a-a

50
50
220
112  70
40
360
6
1020
314
20    210
80
260
654

90  90  60
27
60
50
445    210    350
125    180
200    600
180
70
250
180
200

c-c    140    b-b

0  1  2  3  4m
0  100 200 300 400 500 600 700 800 900 1000mm

**圣彼得堡市　市政大楼**（1929 年）

门头檐口装饰为镜面红色花岗石，门口上部横向三层，左、右框边，

下部台阶均为整块花岗石雕琢而成。

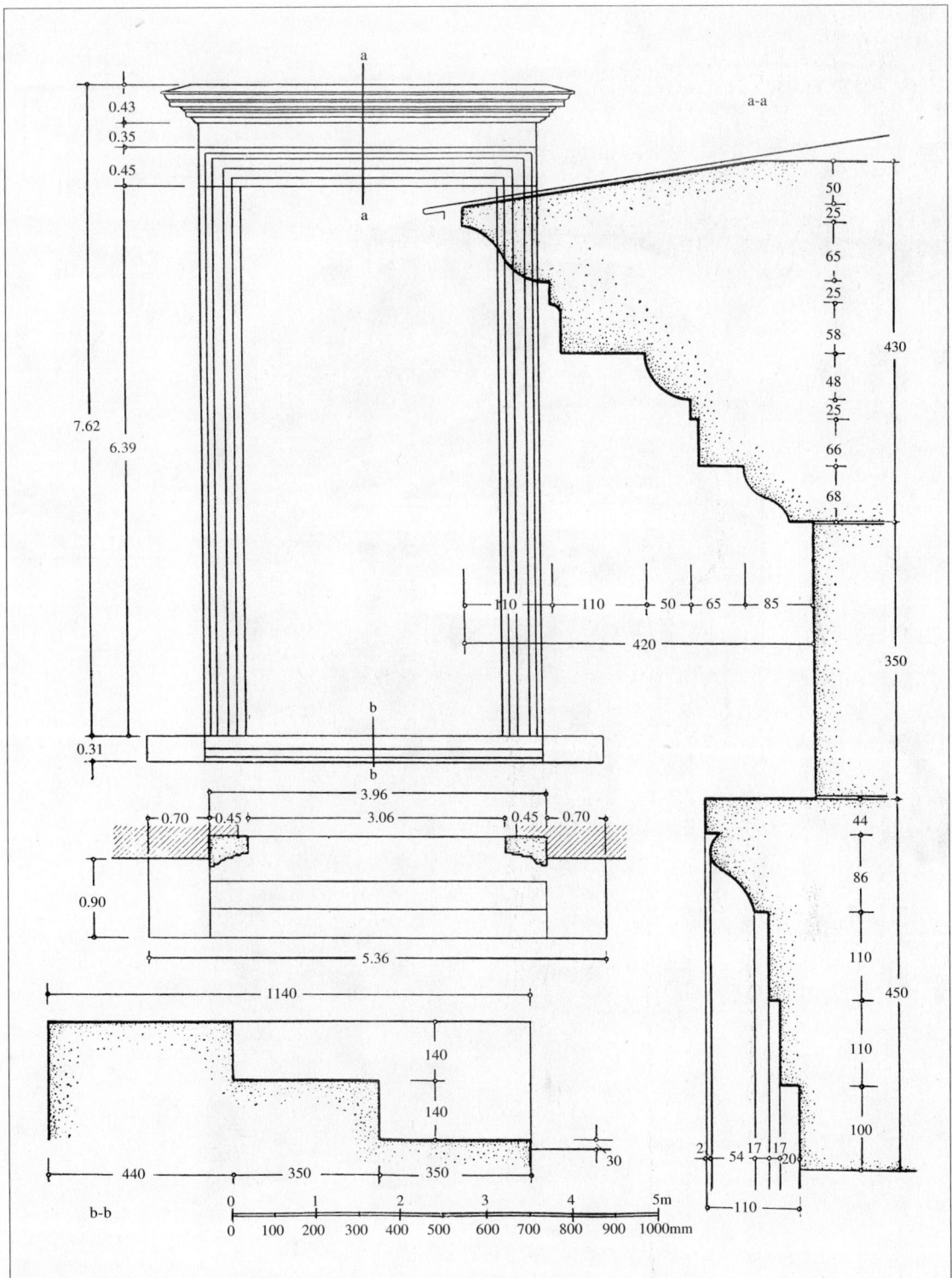

a-a

7.62
6.39
0.43
0.35
0.45
0.31

50
25
65
25
58
48
25
66
68
430

110 110 50 65 85
420

350

3.96
0.70 0.45 3.06 0.45 0.70
0.90
5.36

44
86
110
450
110
100

1140
140
140
440 350 350
30

b-b

2 54 17 17 20
110

0 1 2 3 4 5m
0 100 200 300 400 500 600 700 800 900 1000mm

**圣彼得堡市  市政大楼**（1929 年）

门上装饰山花为琢面红色花岗石，门镶嵌于虎皮石墙面内。

**莫斯科市　居住大楼**（1937年）
正门入口为镜面灰色花岗石板，倾斜墙面镶贴石板，接缝密合光整。

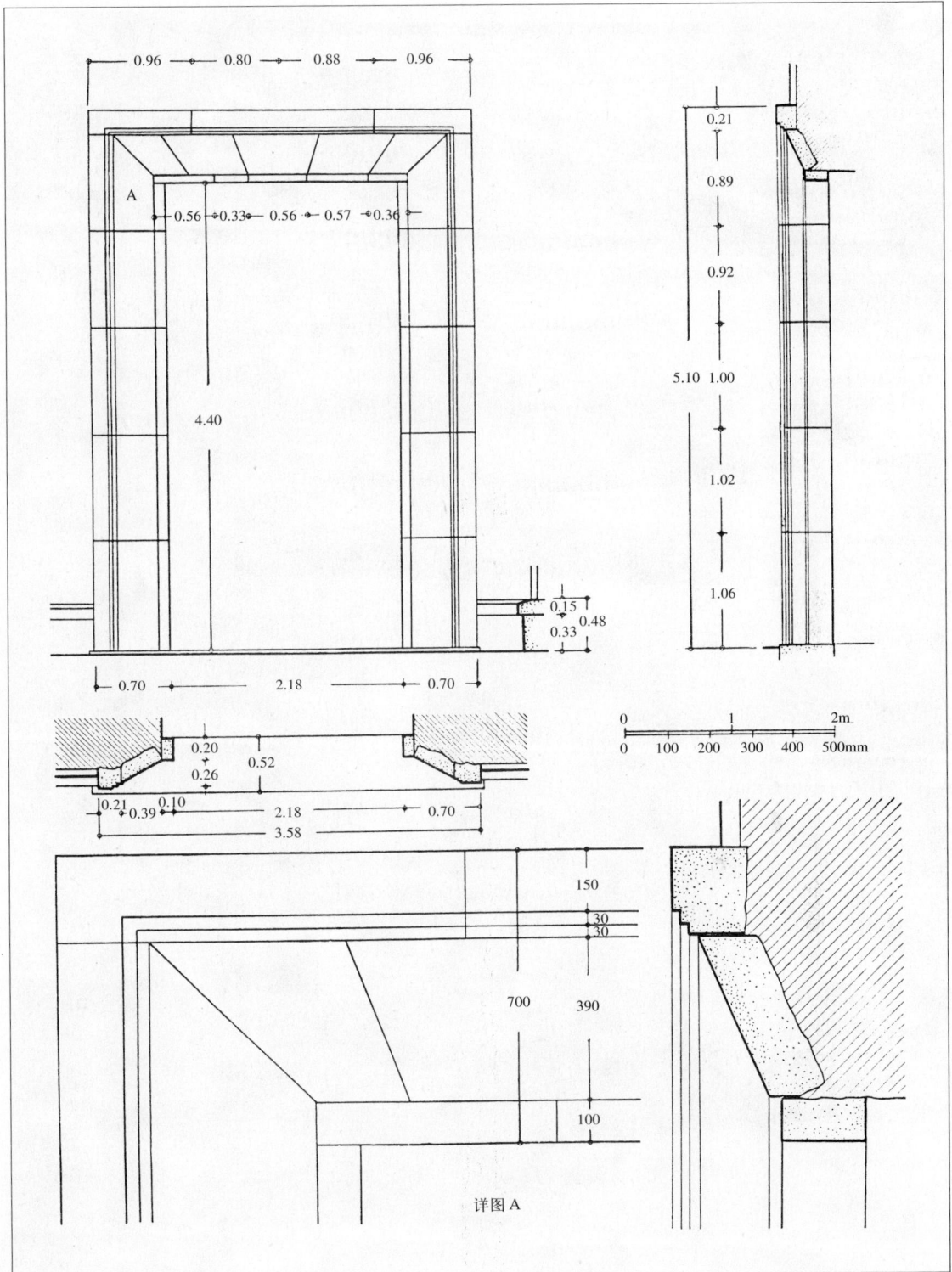

0.96 — 0.80 — 0.88 — 0.96

A
0.56 — 0.33 — 0.56 — 0.57 — 0.36

4.40

0.21
0.89
0.92
5.10  1.00
1.02
1.06

0.15
0.33  0.48

0.70 — 2.18 — 0.70

0.20
0.26  0.52

0.21  0.10
0.39  2.18  0.70
3.58

0    1    2m
0  100 200 300 400 500mm

150
30
30

700  390

100

详图 A

**莫斯科市　居住大楼**（1937年）

入口构造简洁，镜面灰色花岗石镶贴，山花由石材雕琢。

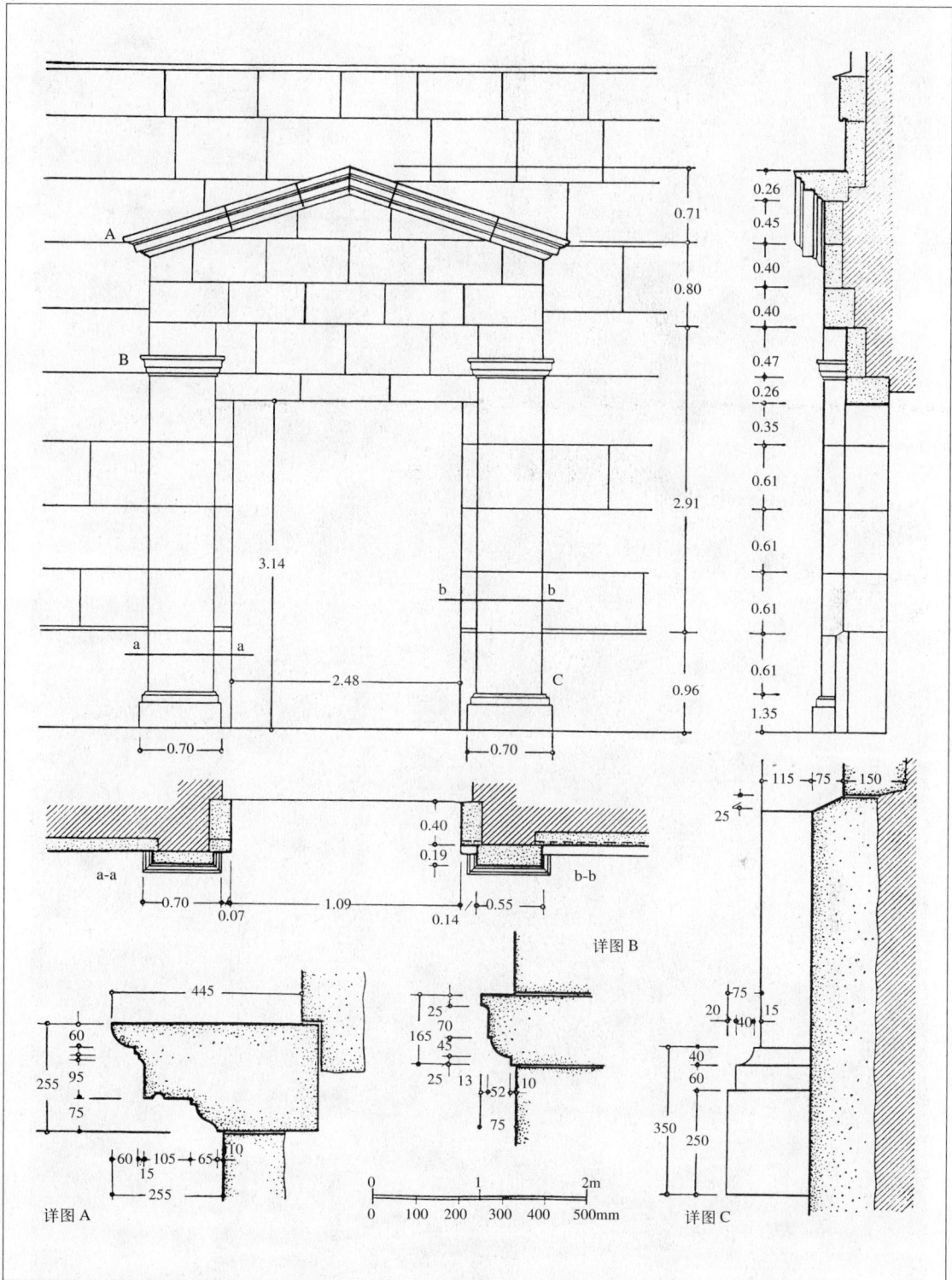

A

B

0.71

0.80

0.26
0.45

0.40

0.40

0.47
0.26
0.35

2.91

3.14

0.61

0.61

b　　　b

0.61

a　　　a

0.61

2.48

C

0.96

1.35

0.70

0.70

0.40
0.19

a-a

0.70
0.07

1.09

0.14　0.55

b-b

详图 B

115　75　150

25

445

60

75

25

20　10　15

255

95

165

70
45

40

75

25　13

52　10

60

75

75

60　105　65　10
15

0　　　　　1　　　　2m

350

250

255

0　100　200　300　400　500mm

详图 A

详图 C

**莫斯科市　市政大楼**（1949 年）

门上挑檐、托架、门口贴脸皆为镜面红色花岗石。

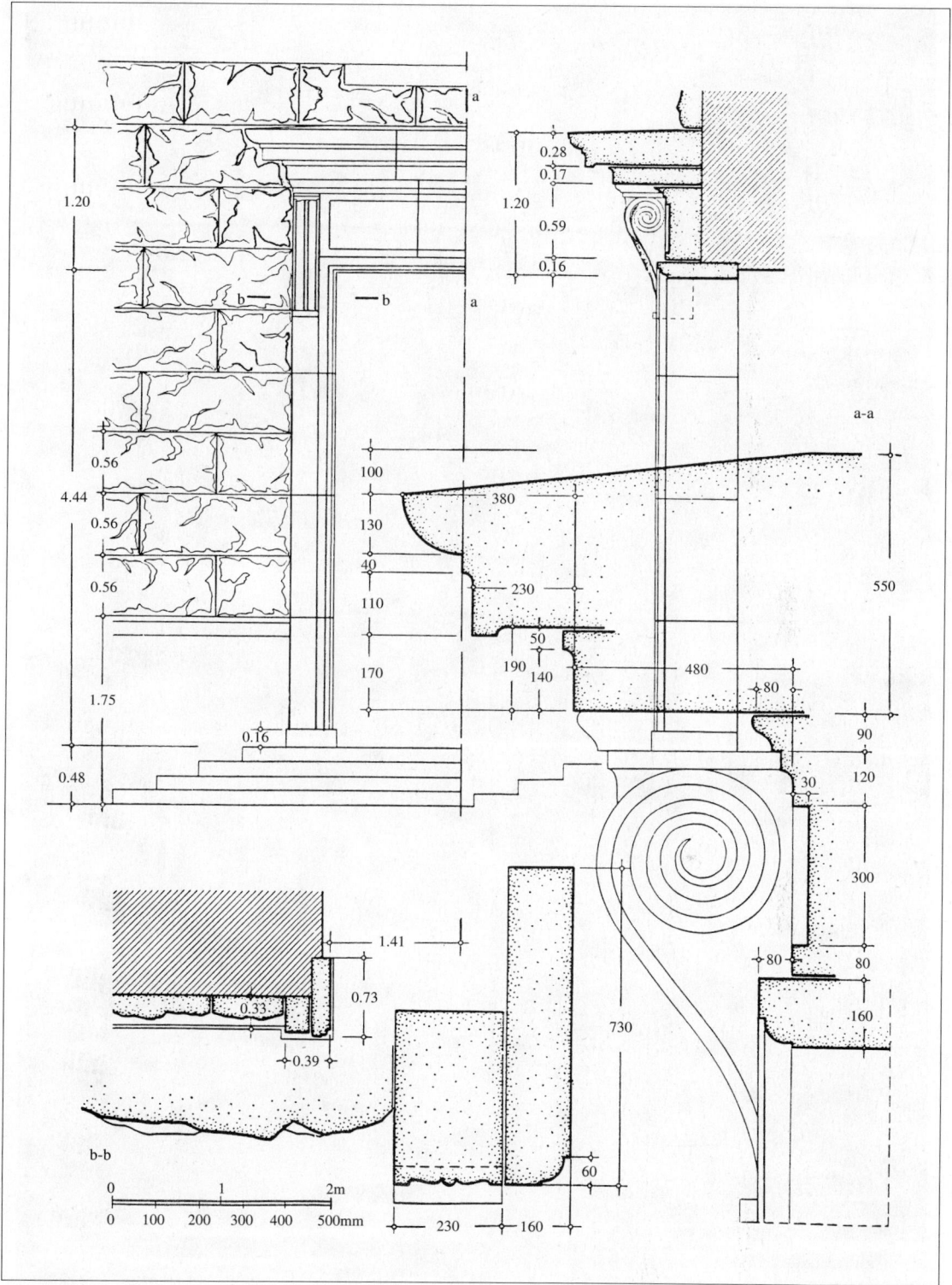

**莫斯科市  市政大楼**（1949 年）
拱形正门入口为镜面红色花岗石贴脸，门上拱形贴脸下方为花岗石板镶贴。

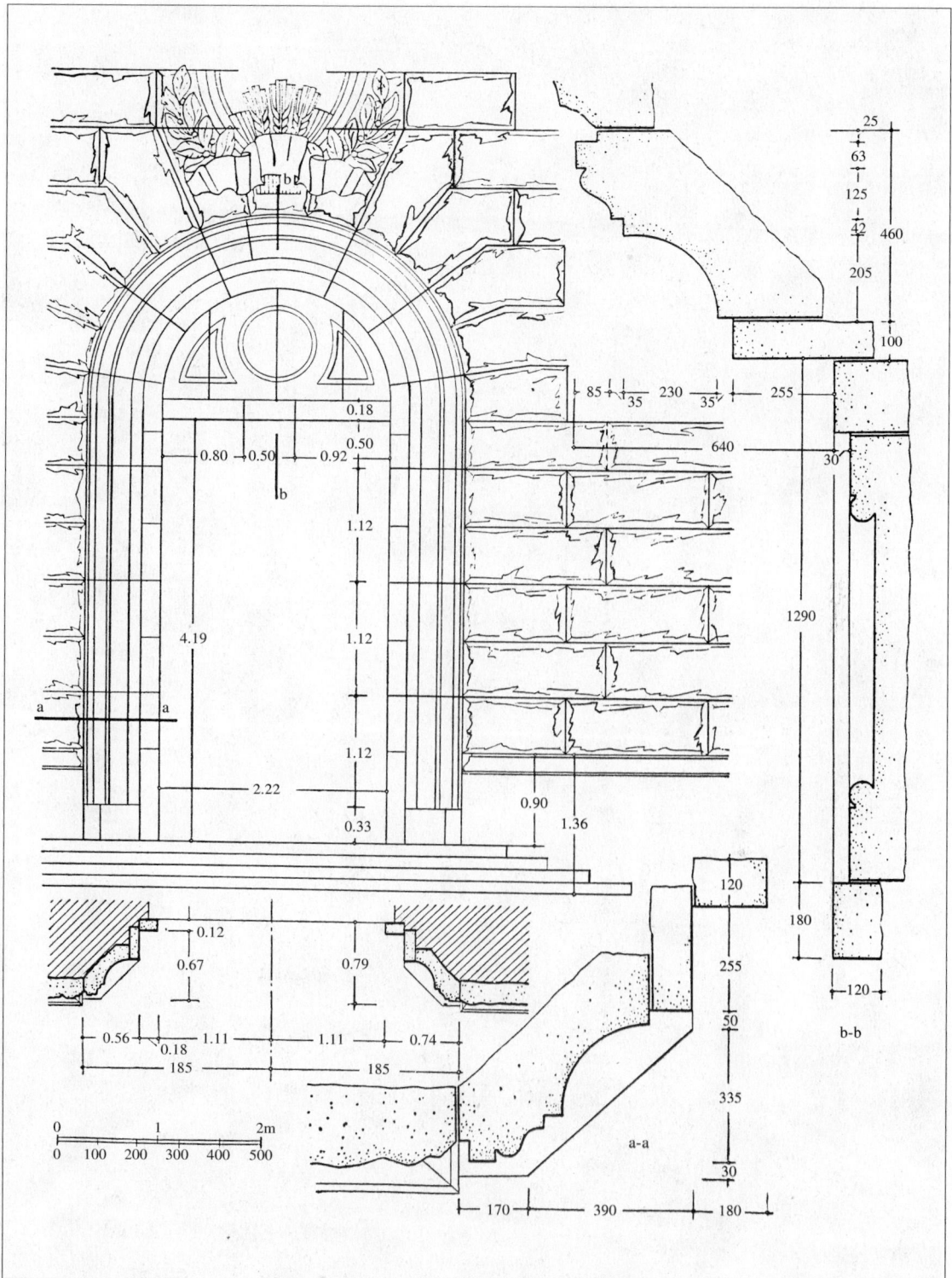

门贴脸

25
63
125
42
205
460
100

85
35
230
35
255

640
30

1290

180

120

0.18
0.50
0.80 0.50 0.92
0.50
b
1.12
1.12
4.19
1.12
2.22
0.33

0.90
1.36

b-b

0.12
0.67
0.79

0.56
0.18
1.11
1.11
0.74
185
185

0 1 2m
0 100 200 300 400 500

120
255
50
335
30

a-a

170 390 180

**莫斯科市　市政大楼**（1949 年）

拱形门贴脸上方的涡卷花饰用四段大型红色花岗石镶面组成，盾形面部琢毛成点状。

520

140

520

430

520

520

740

0    200   400   600   800   1000  1200  1400mm

**莫斯科市　市政大楼**（1949 年）

高达一层的勒脚墙面为红色花岗岩虎皮石，上部腰线及勒脚基座为镜面石板镶贴，

门及上部半圆窗贴脸皆为石料制成。

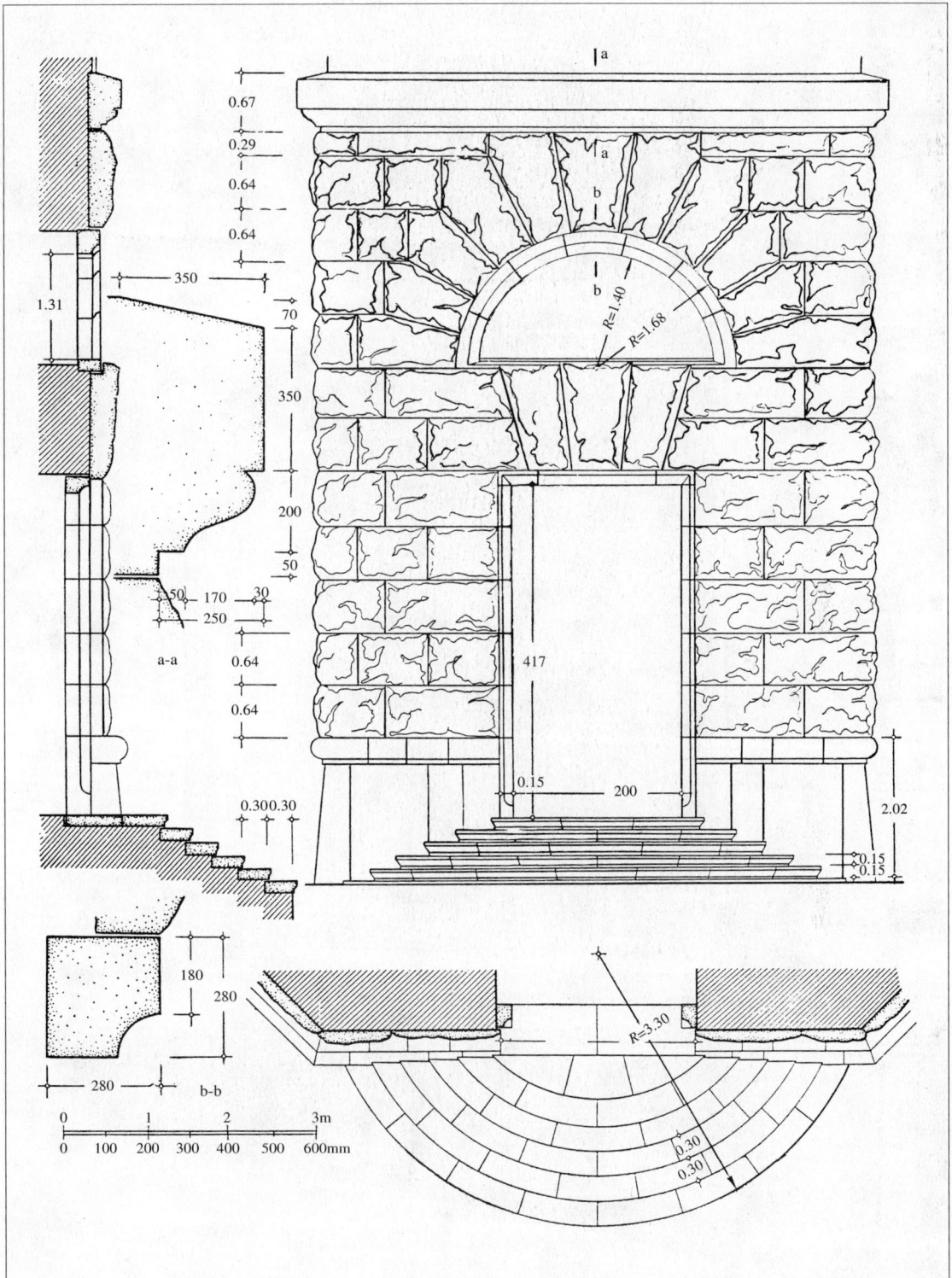

0.67
0.29
0.64
0.64

1.31

350

70

350

200

50

50　170　30
250

a-a

0.64

0.64

0.30 0.30

a

a

b

b

R=1.40
R=1.68

417

0.15　200

2.02

0.15
0.15

180
280

280

b-b

0　　1　　2　　3m

0　100　200　300　400　500　600mm

R=3.30

0.30
0.30

**莫斯科市　市政大楼**（1949 年）
拱形门贴脸为镜面红色花岗石，门上槛系三排曲面石雕琢而成。

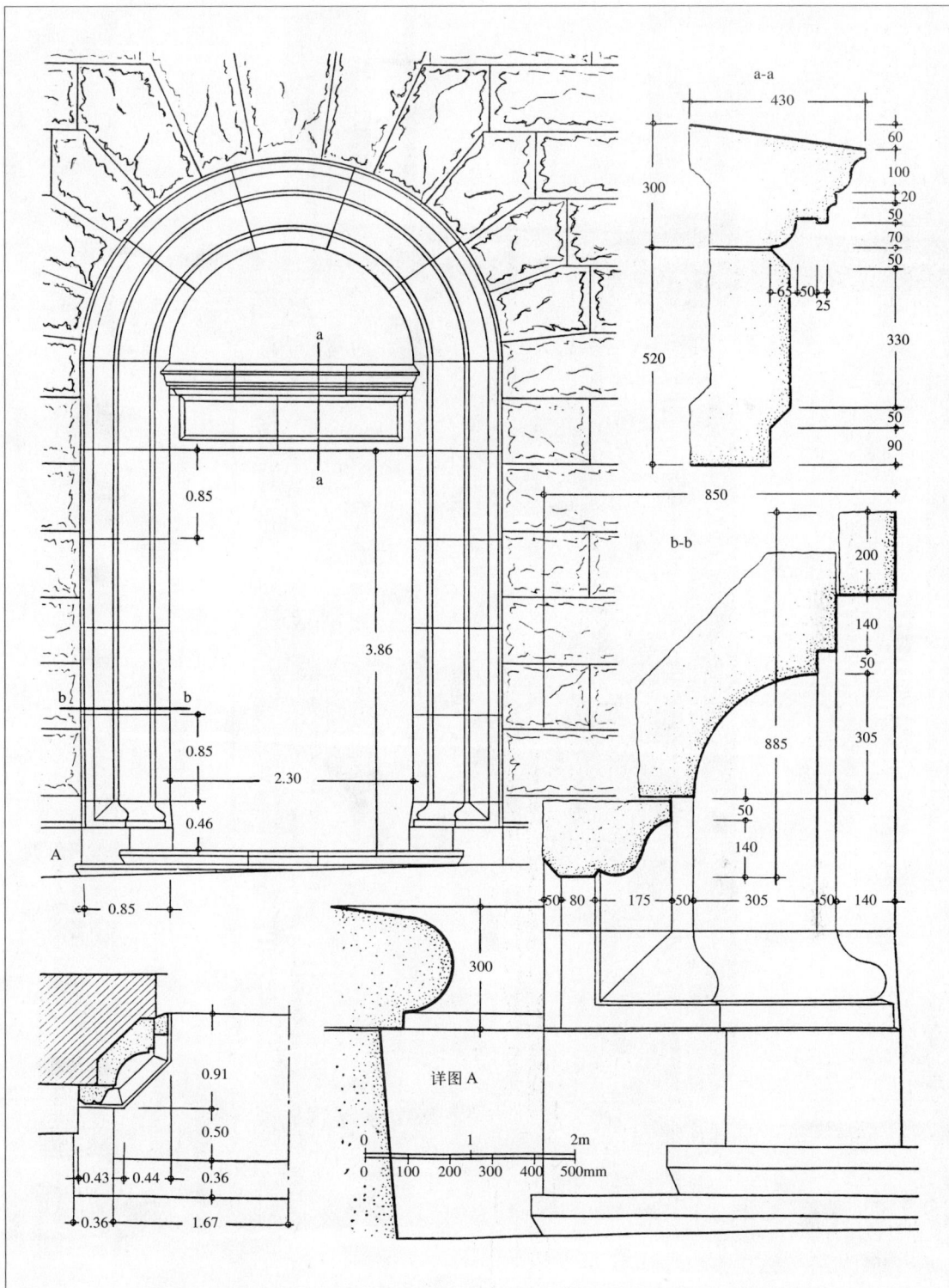

a-a

430

60
100
20
50
70
50
300
65 50
25
520
330
50
90

850

b-b

200
140
50
305
885
50
140

a
a

0.85

3.86

b    b

0.85

2.30

0.46

A

0.85

50 80   175  50   305   50  140

300

详图A

0    1    2m
0  100 200 300 400 500mm

0.91
0.50
0.43  0.44  0.36
0.36   1.67

**莫斯科市　俄罗斯宾馆**（1951 年）

门贴脸及上部挑檐为红色花岗石，雕琢成花饰而成。

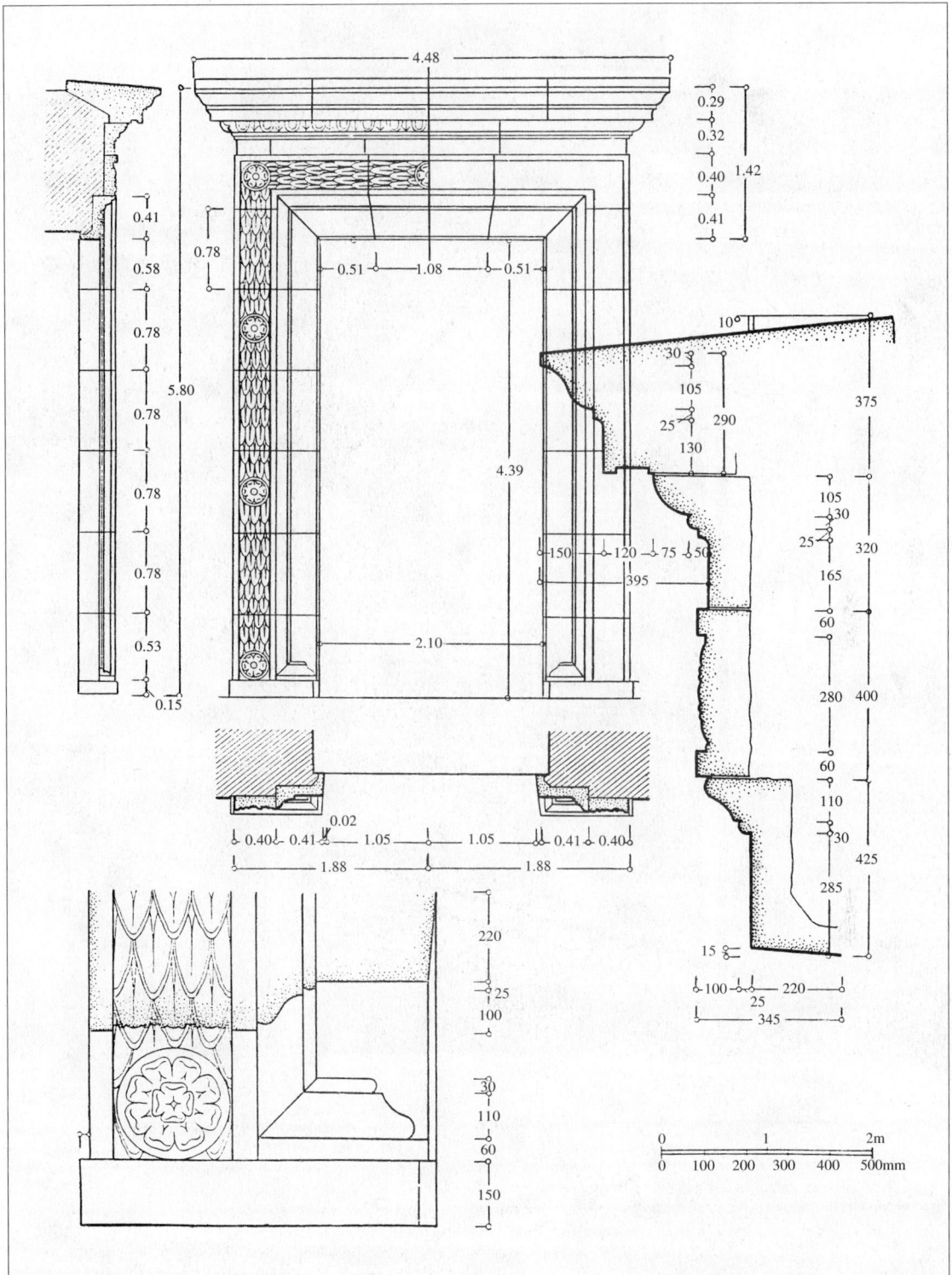

4.48

0.29
0.32
0.40
0.41
1.42

0.41
0.58
0.78
0.78
0.78
0.78
0.78
0.53
0.15

5.80

0.78
0.51　1.08　0.51

4.39

10

30
105
25　290
130

105
30
25　320
165
60
280　400
60
110
30
425
285

375

150　120　75　50
395

2.10

15

100　220
25
345

0.02
0.40　0.41　1.05　1.05　0.41　0.40
1.88　1.88

220
25
100

30
110
60
150

0　1　2m
0　100　200　300　400　500mm

**莫斯科市    莫斯科大学教学楼**（1953 年）

门贴脸不突越外墙面，面层为镜面红色花岗石镶贴。

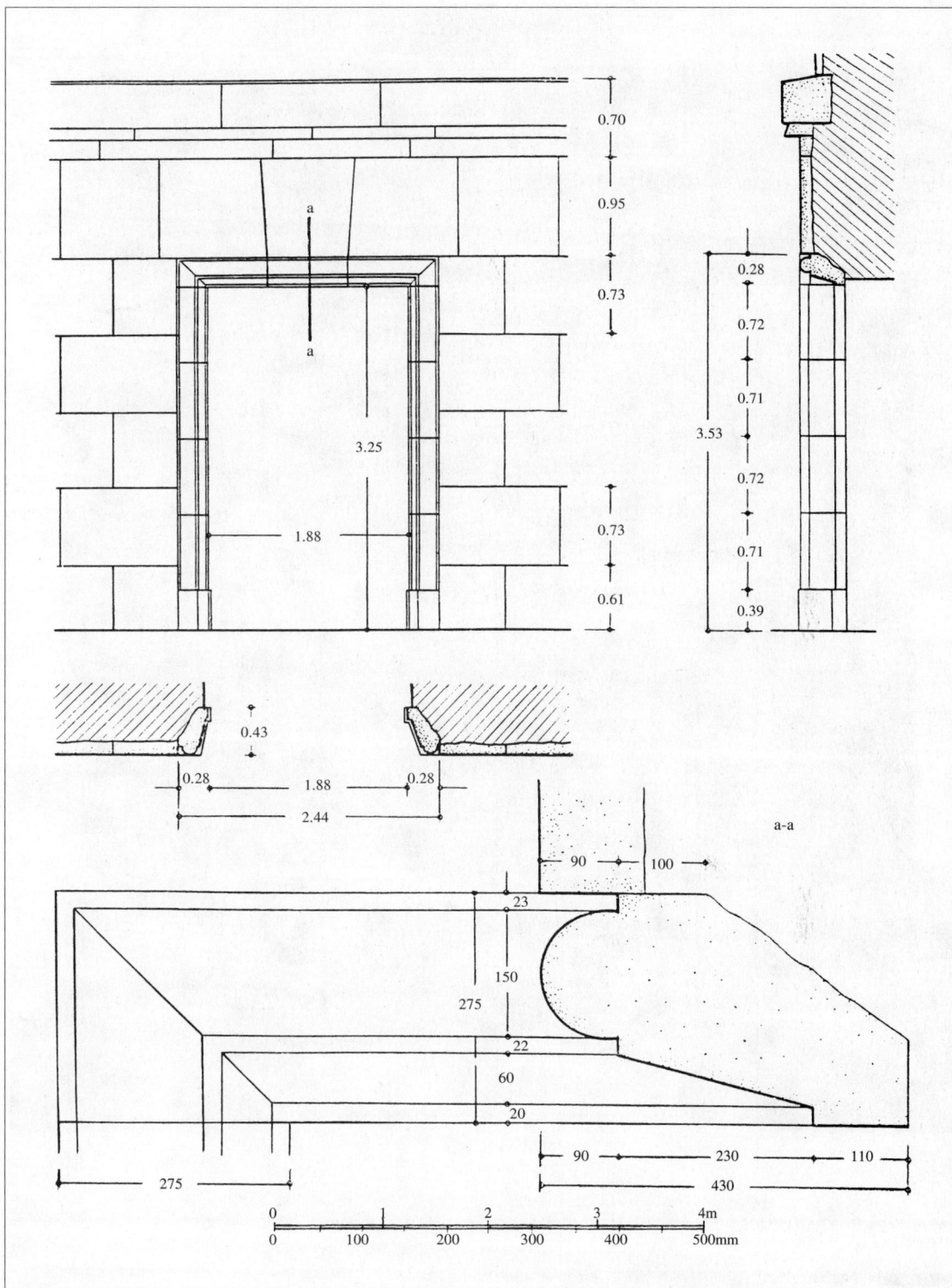

0.70

0.95

0.73

a

a

3.25

1.88

0.73

0.61

0.28

0.72

0.71

3.53

0.72

0.71

0.39

0.43

0.28　1.88　0.28

2.44

a-a

90　100

23

150

275

22

60

20

275

90　230　110

430

0　2　3　4m

0　100　200　300　400　500mm

**莫斯科市　莫斯科大学 E 栋宿舍**（1953 年）
门贴脸及边框皆为镜面红色花岗石板组成。

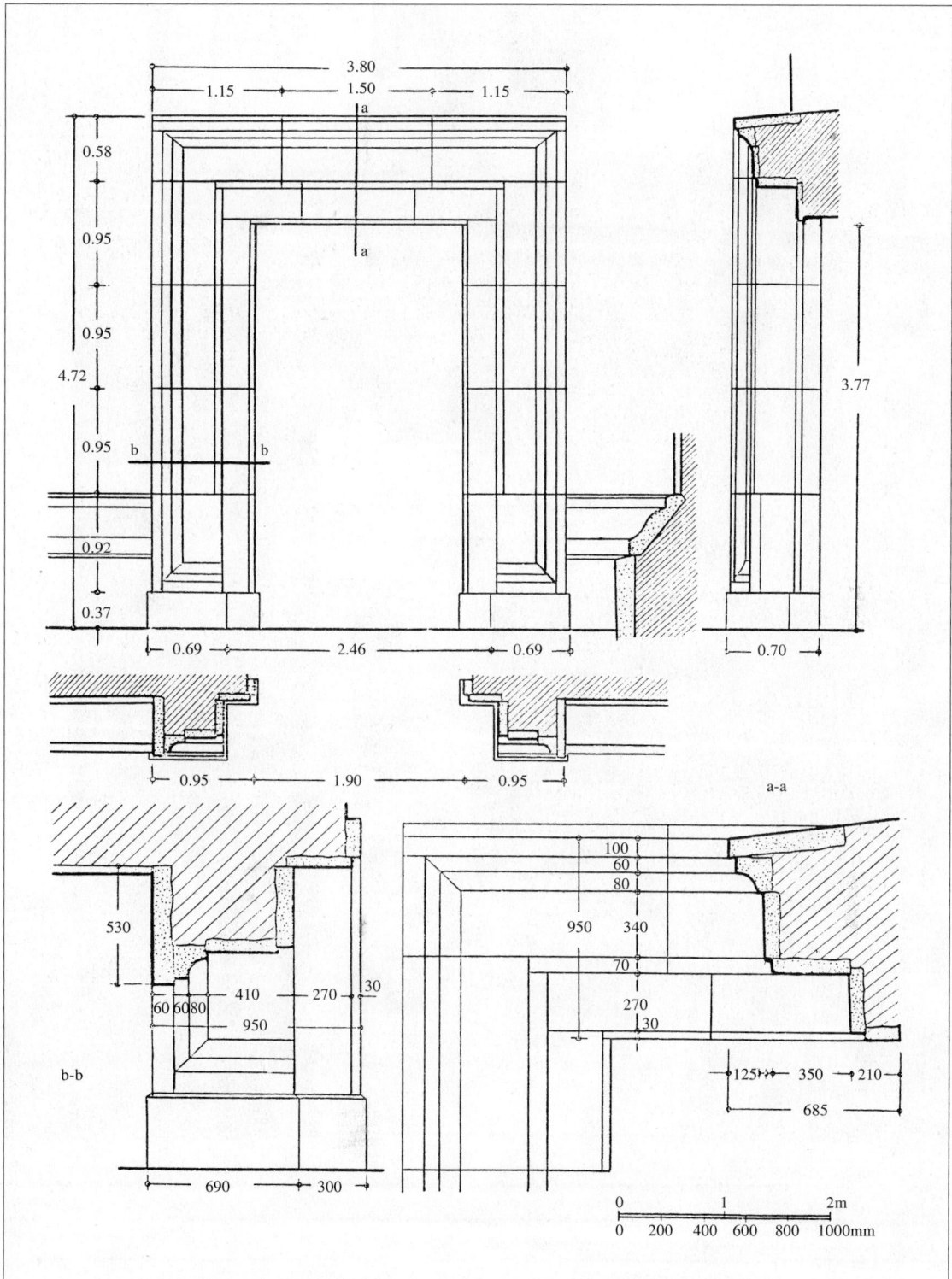

3.80
1.15    1.50    1.15
a a
0.58
0.95
0.95
4.72
0.95
b          b
0.92
0.37
0.69    2.46    0.69

3.77

0.70

0.95    1.90    0.95

a-a

b-b
530
410    270    30
60 6080
950
690    300

100
60
80
950    340
70
270
30
125    350    210
685

0    1    2m
0    200    400    600    800    1000mm

**莫斯科市　莫斯科大学 D 楼宿舍**（1953 年）

门贴脸与边框为镜面红色花岗石，带榫长方石料磨光结合，用料较省。

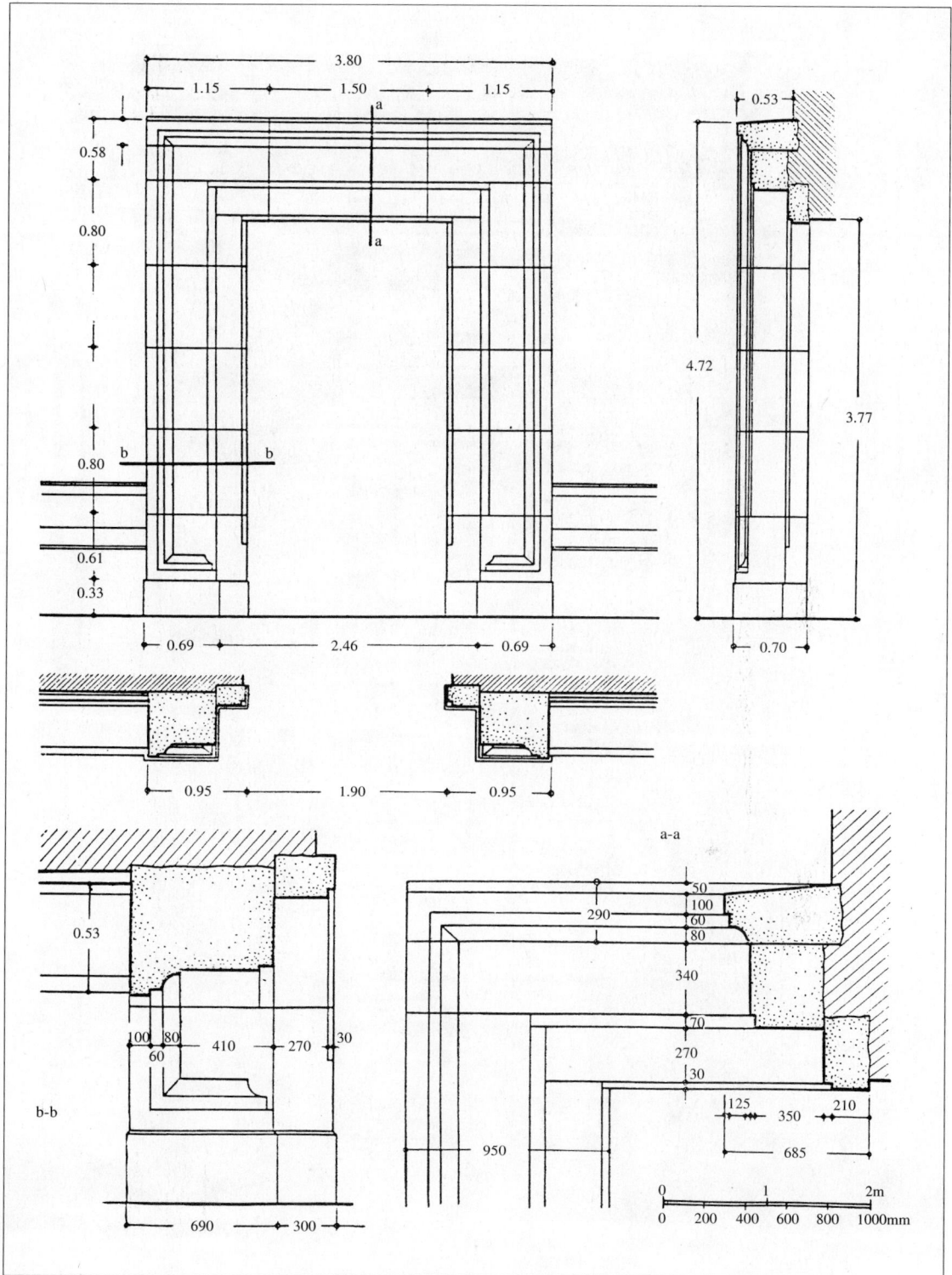

b-b

a-a

**莫斯科市　莫斯科大学主楼正门**（1953 年）

带檐口装饰的正门入口门贴脸为镜面红色花岗石。镶刻的装饰带系青铜制品，
檐口、门贴脸装饰带为花岗石制品。

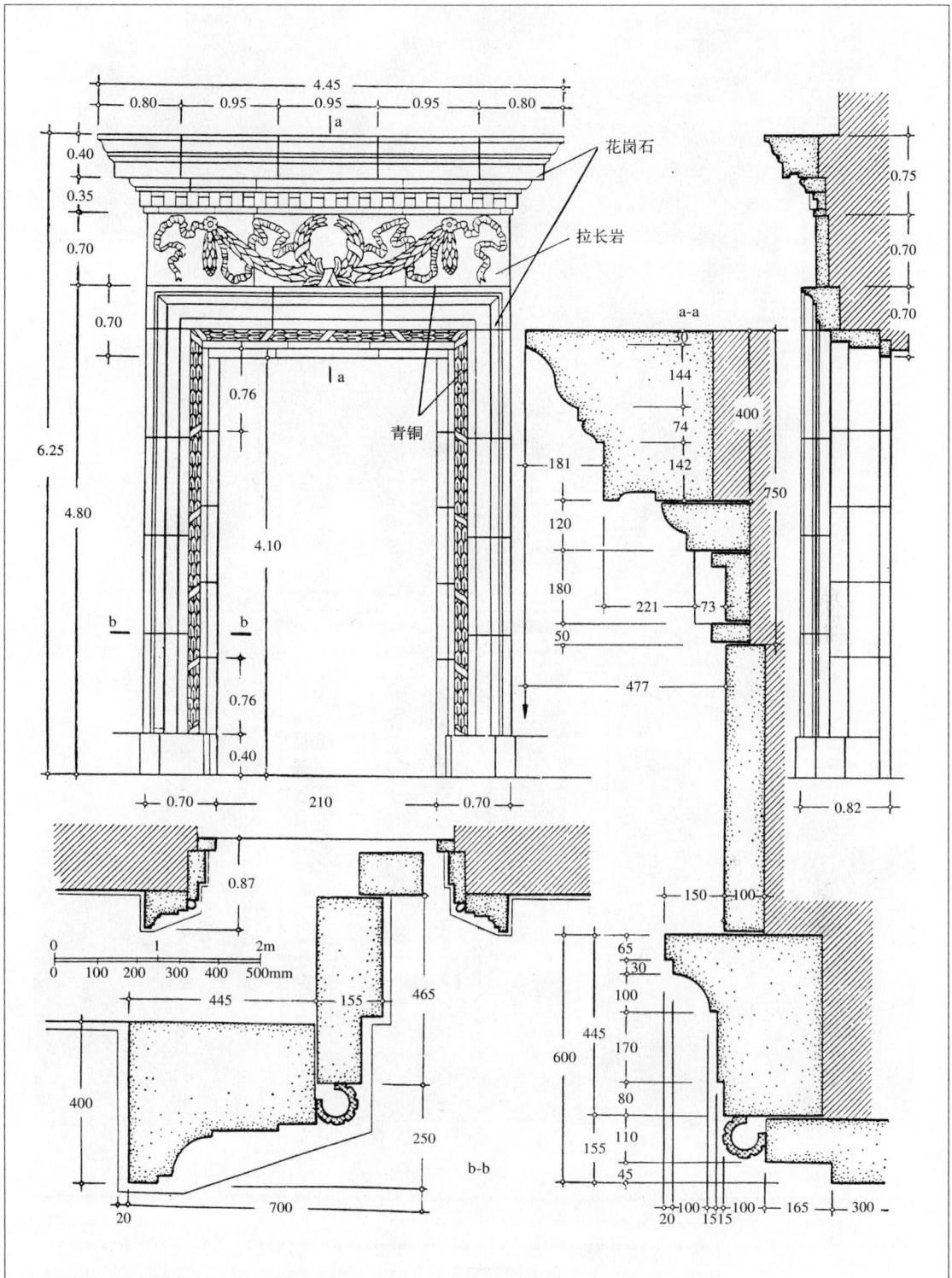

花岗石

拉长岩

青铜

a-a

b-b

**莫斯科市　莫斯科大学化学系教学楼**（1953 年）
带檐口装饰、挑檐托架，均为大块镜面花岗石。

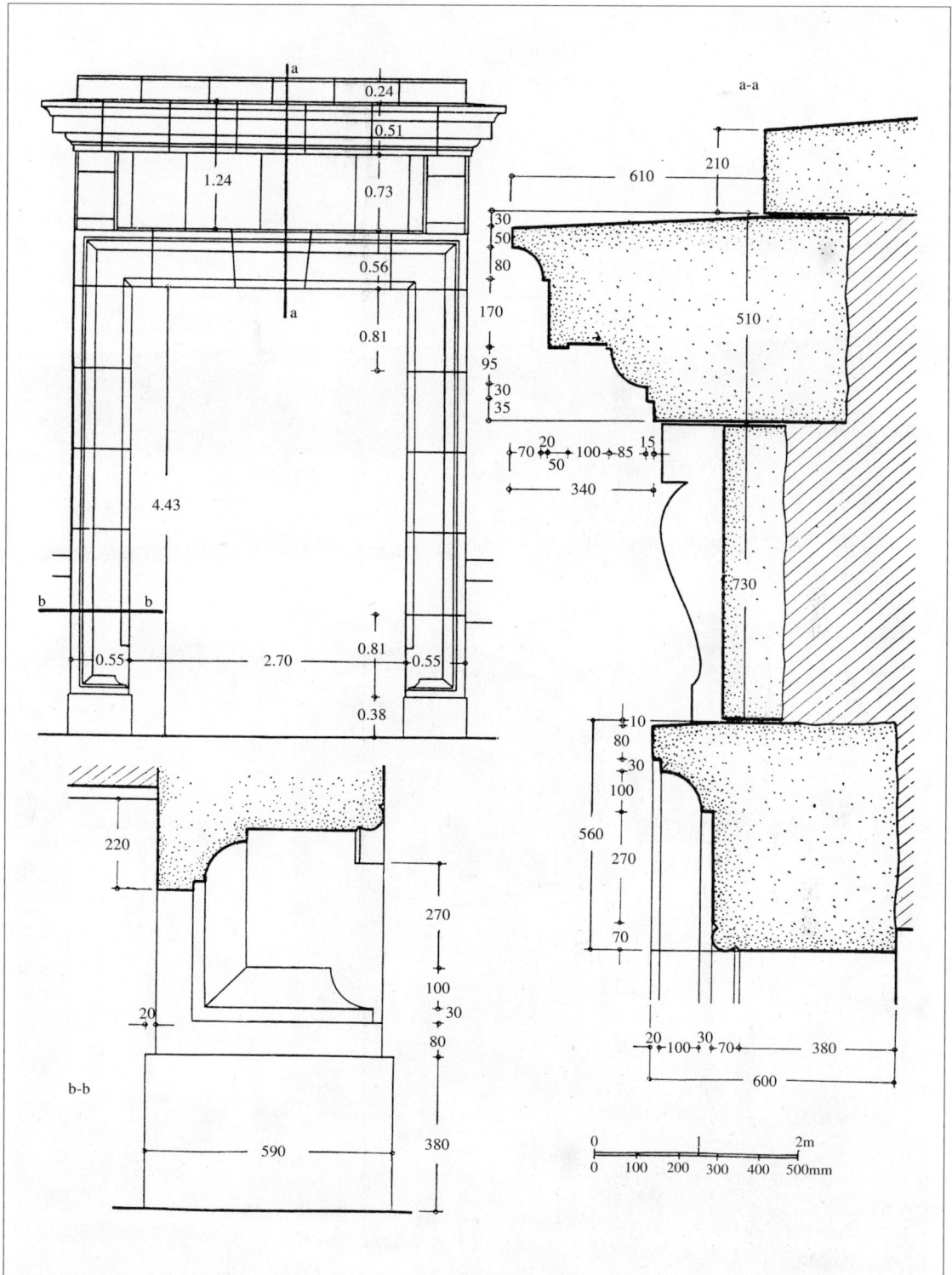

a-a

b-b

**莫斯科市　地铁车站地上入口**（1952 年）

环拱券由花岗石板镶嵌在墙面内，板缝为向心半径交于拱券圆心处。

0.50
0.40

R=0.85

0.85

225

35

a
a

125

2.90

160

420

60　115

135

100

0.40
0.40
0.40

b
b

105

75

70

20　20

60　110

390

b-b

5.40

0.45
0.45

60

20

180　20

60

a-a

300

1.40

0.20

0.30

3.50

3.80

20

0　　1　　2　　3　　4　　5m

0　　100　　200　　300　　400　　500mm

**圣彼得堡市　姆拉莫尔宫**（1768～1785 年）
墙面为花岗石板镶嵌，凿毛。墙上窗户的窗贴脸台板是由大理石制成，
窗间胸墙花饰系整块大理石雕琢而成。

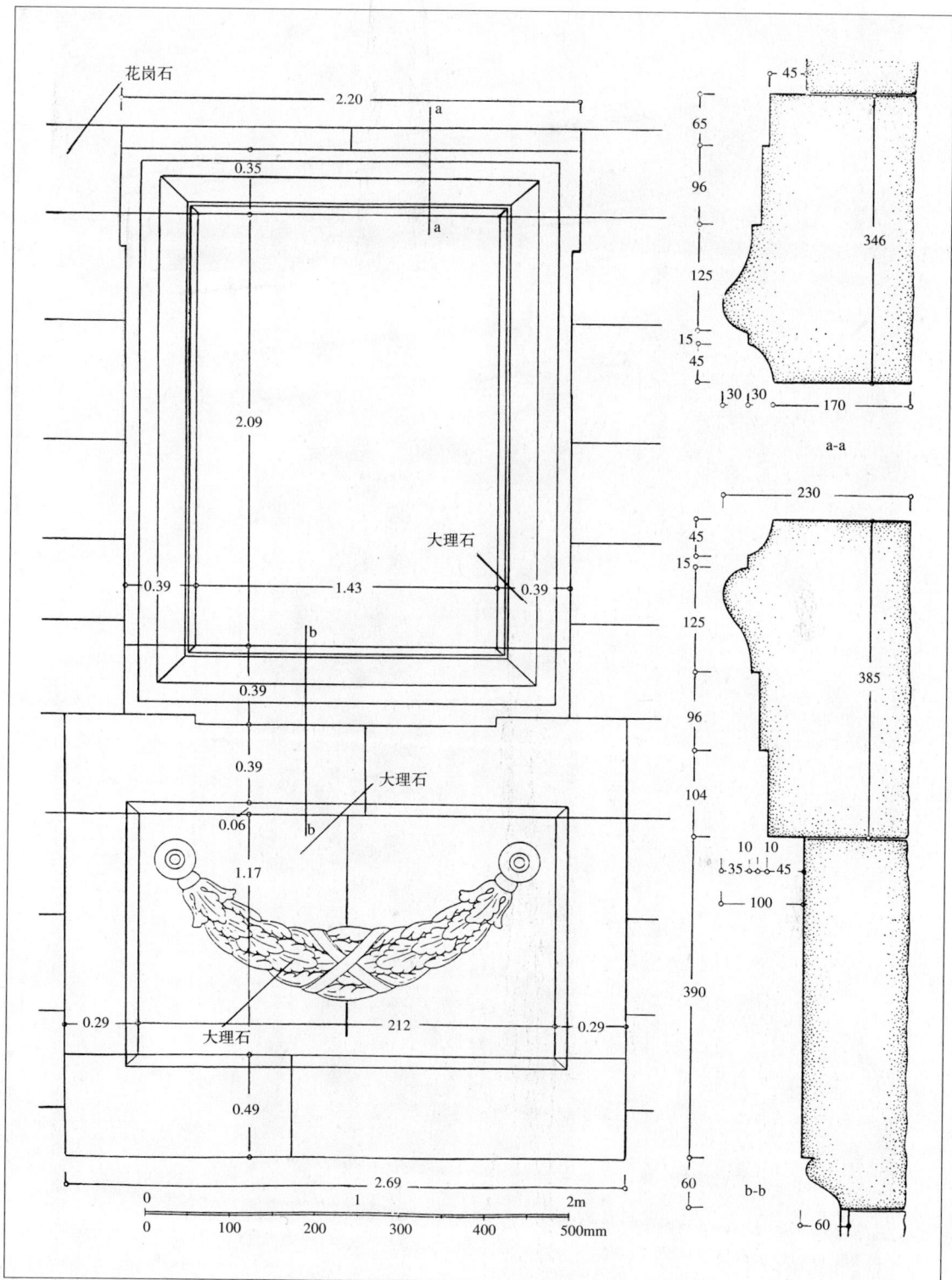

花岗石

2.20

0.35

a

a

2.09

大理石

0.39　　1.43　　0.39

b

0.39

大理石

0.06

b

1.17

大理石

0.29　　212　　0.29

0.49

2.69

0　　　　1　　　　2m

0　100　200　300　400　500mm

45

65

96

125

346

15

45

30　30　170

a-a

230

45

15

125

385

96

104

10　10

35　45

100

390

60

b-b

60

**圣彼得堡市　姆拉莫尔宫**（1768~1785 年）

墙面为大理石板镶嵌。窗贴脸及上部挑檐，由三块大理石制成。檐口装饰底面挖有滴水漕，
上部有防止水分过久滞积的弧形坡。

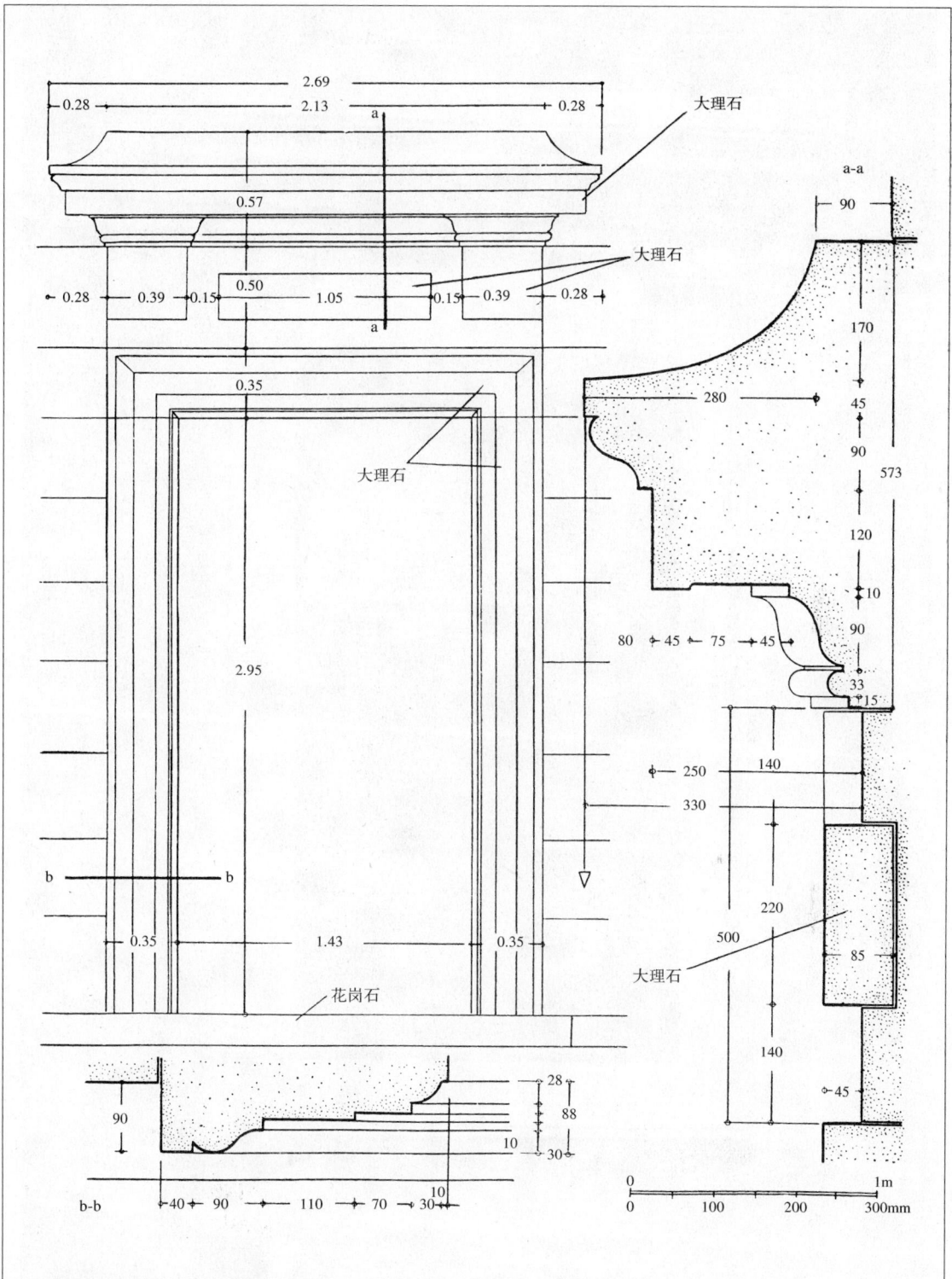

大理石

大理石

大理石

2.69
0.28
2.13
0.28
a
0.57
0.28　0.39　0.15　0.50　1.05　0.15　0.39　0.28
a
0.35
大理石
2.95
b　　　　b
0.35　　1.43　　0.35
花岗石

a-a
90
170
280　45
90
573
120
10
90
80　45　75　45
33
15
250　140
330
500　220　85
大理石
140
45

90
28
88
10
30
b-b　40　90　110　70　30
10

0　　　　　　　1m
0　100　200　300mm

**圣彼得堡市　姆拉莫尔宫**（1768～1785 年）

有挑檐的窗贴脸为毛面灰色花岗石，窗贴脸为四块石料镶拼。墙面为浅红色花岗石镶贴。

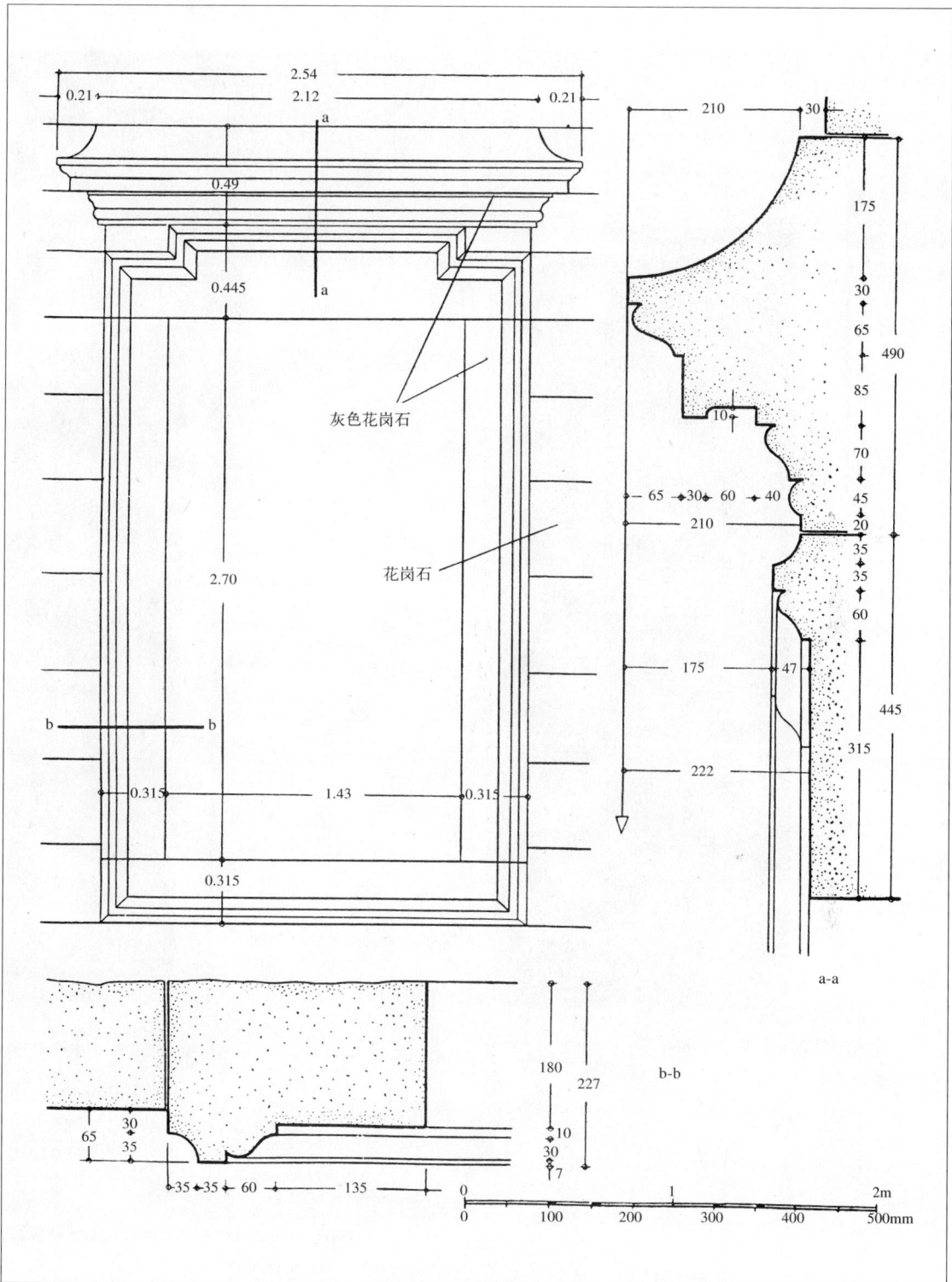

2.54
0.21  2.12  0.21
a
0.49
0.445
a
灰色花岗石
2.70
花岗石
b    b
0.315    1.43    0.315
0.315

210  30
175
30
65
490
85
10
70
65  30  60  40  45
210  20
35
35
175  47  60
222  315

445

a-a

65  30
35
35  35  60  135

180
227    b-b
10
30
7

0    1    2m
0  100  200  300  400  500mm

**莫斯科市　普希金造型艺术博物馆**（1912 年）

窗贴脸与墙面，窗台板与墙皆为大型大理石块料综合雕琢而成。

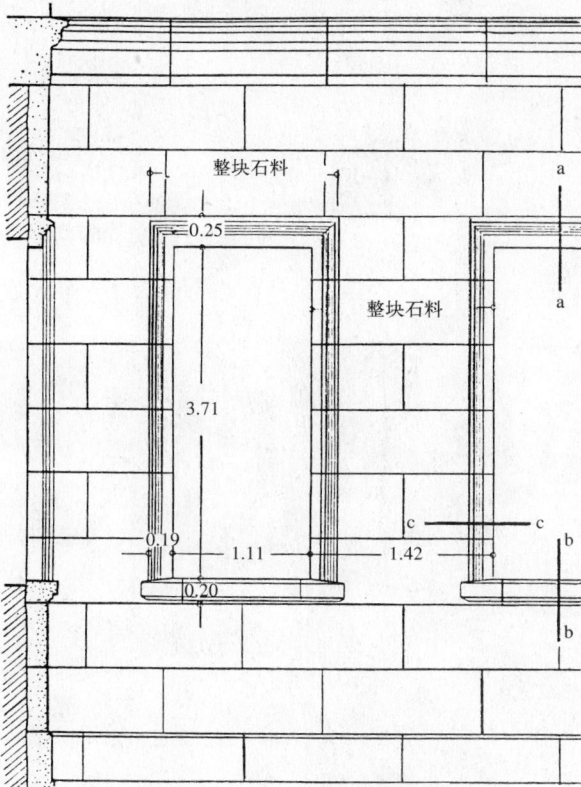

整块石料

整块石料

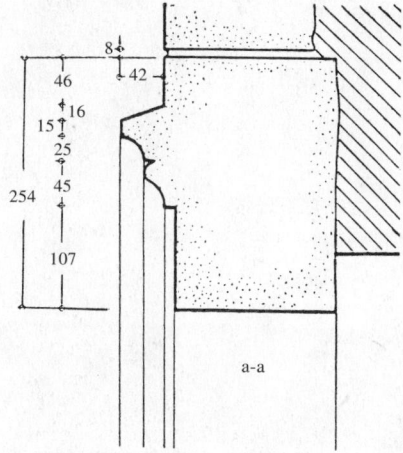

a-a

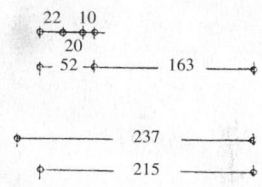

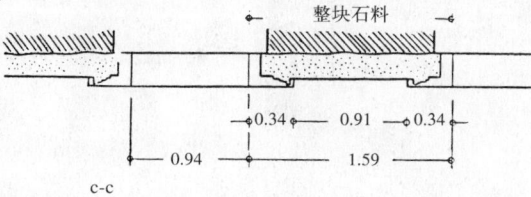

整块石料

c-c

b-b

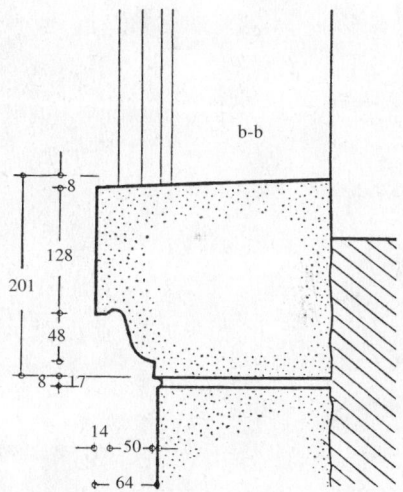

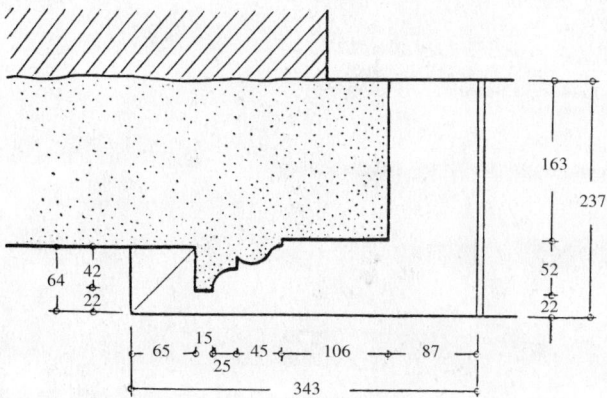

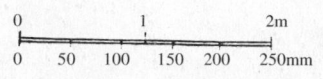

**圣彼得堡市  市政大楼**（1913 年）

窗户口位于虎皮石墙体内，窗边框由镶于墙的花岗石料组成，窗台板为单体镶琢。

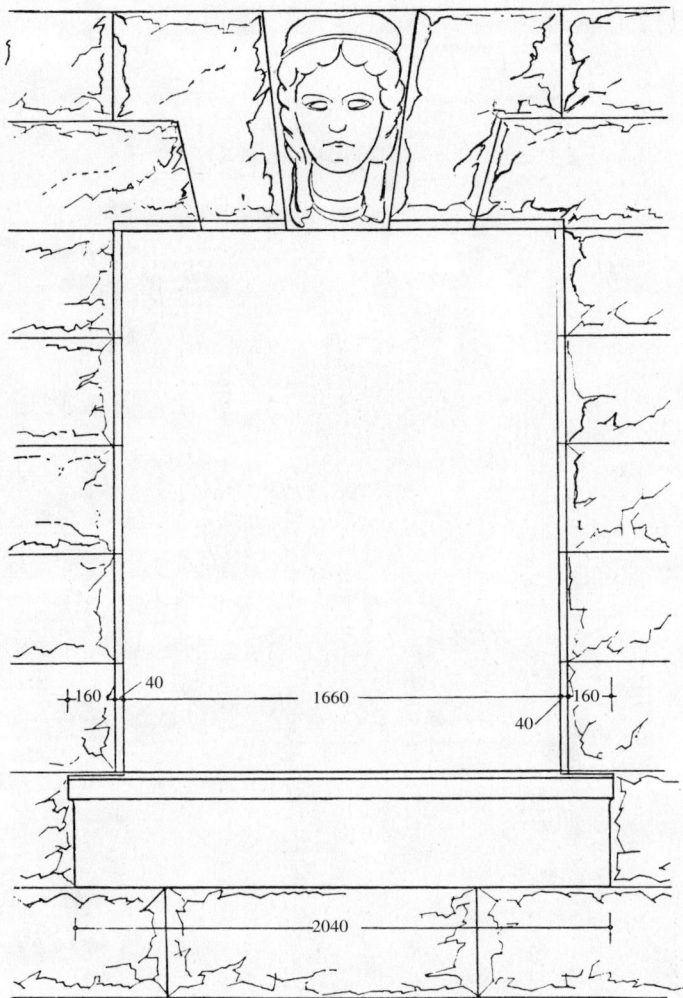
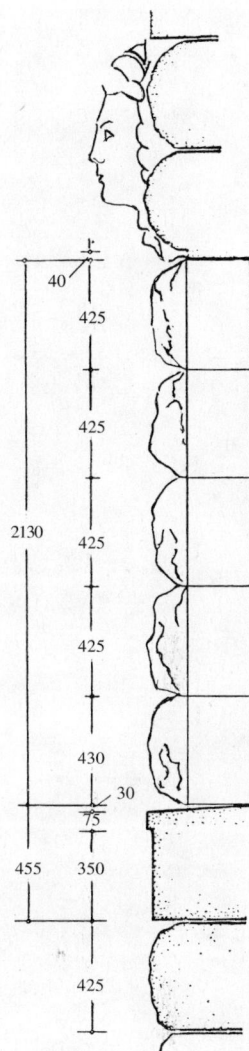
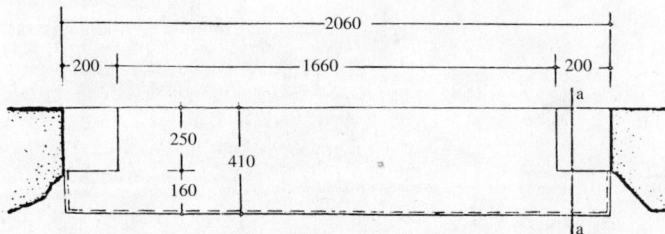
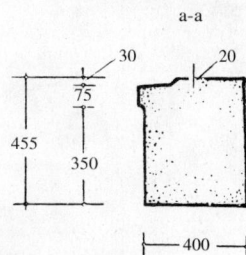
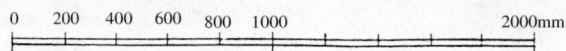

a-a

0　200　400　600　800　1000　2000mm

**圣彼得堡市　市政大楼**（1913 年）

窗户口位于花岗岩虎皮石拱形墙体内，拱券坐于毛面花岗石窗间墙腰线上，

下部矩形窗口由标准定型石料组成。

0.43
0.43
0.45
0.42
0.38
0.38
0.38
0.38
0.44
0.46
0.43
0.23
0.38
0.18

a
b　　　b
a

c　　　　c

d

d

b-b

0.98
1.22
0.51
1.15
1.07
0.21
0.43
0.79

0.16

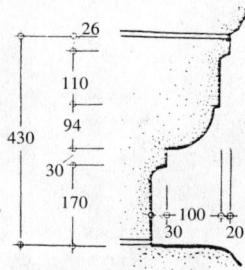

26
110
94
30
170
430
100
30　20

a-a

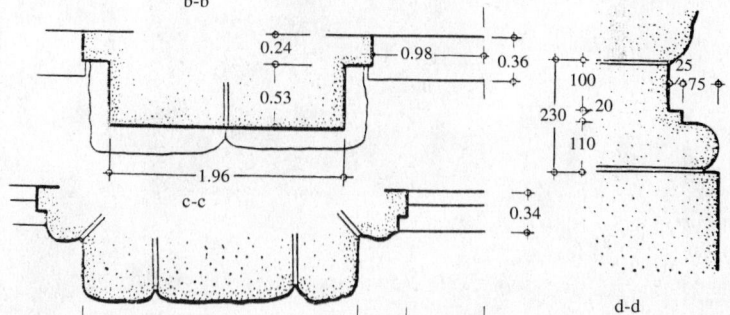

0.24　　0.98　　0.36
0.53
1.96
c-c

2.24　　0.30　0.68

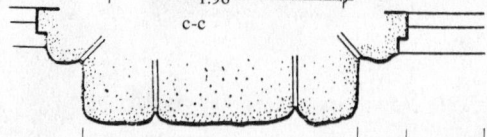

25
75
100
230　20
110

0.34

d-d

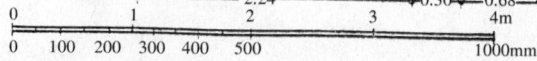

0　　　　1　　　　2　　　　3　　　　4m
0　100 200 300 400 500　　　　　　　1000mm

**莫斯科市 喀山火车站**（1917 年）

窗贴脸由石灰石经艺术琢面加工砌筑，窗上口为红砖起拱。

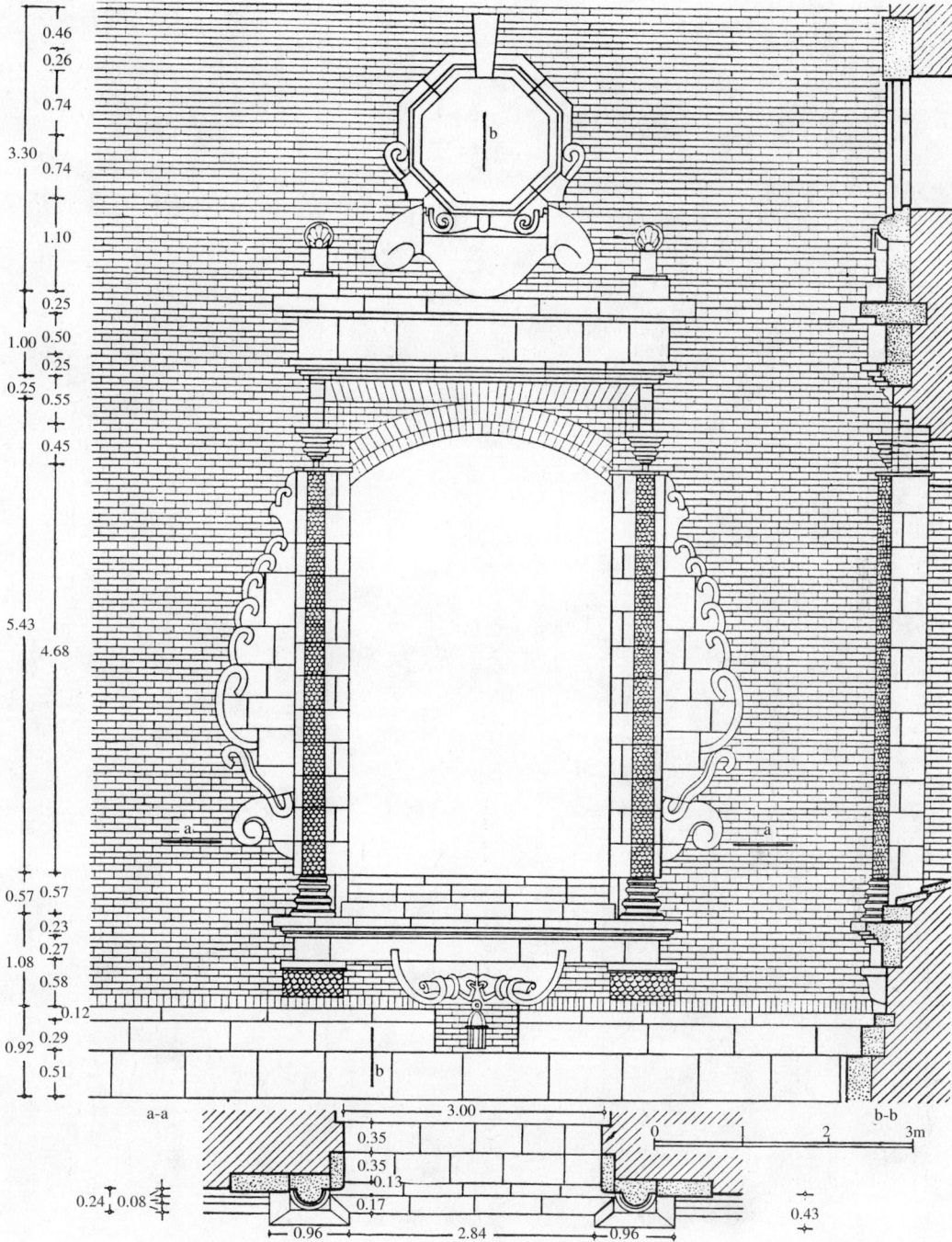

**莫斯科市　喀山火车站**（1917年）
窗框部件、托架、基座上鳞状柱体，均由石灰石经过艺术琢面加工砌筑。

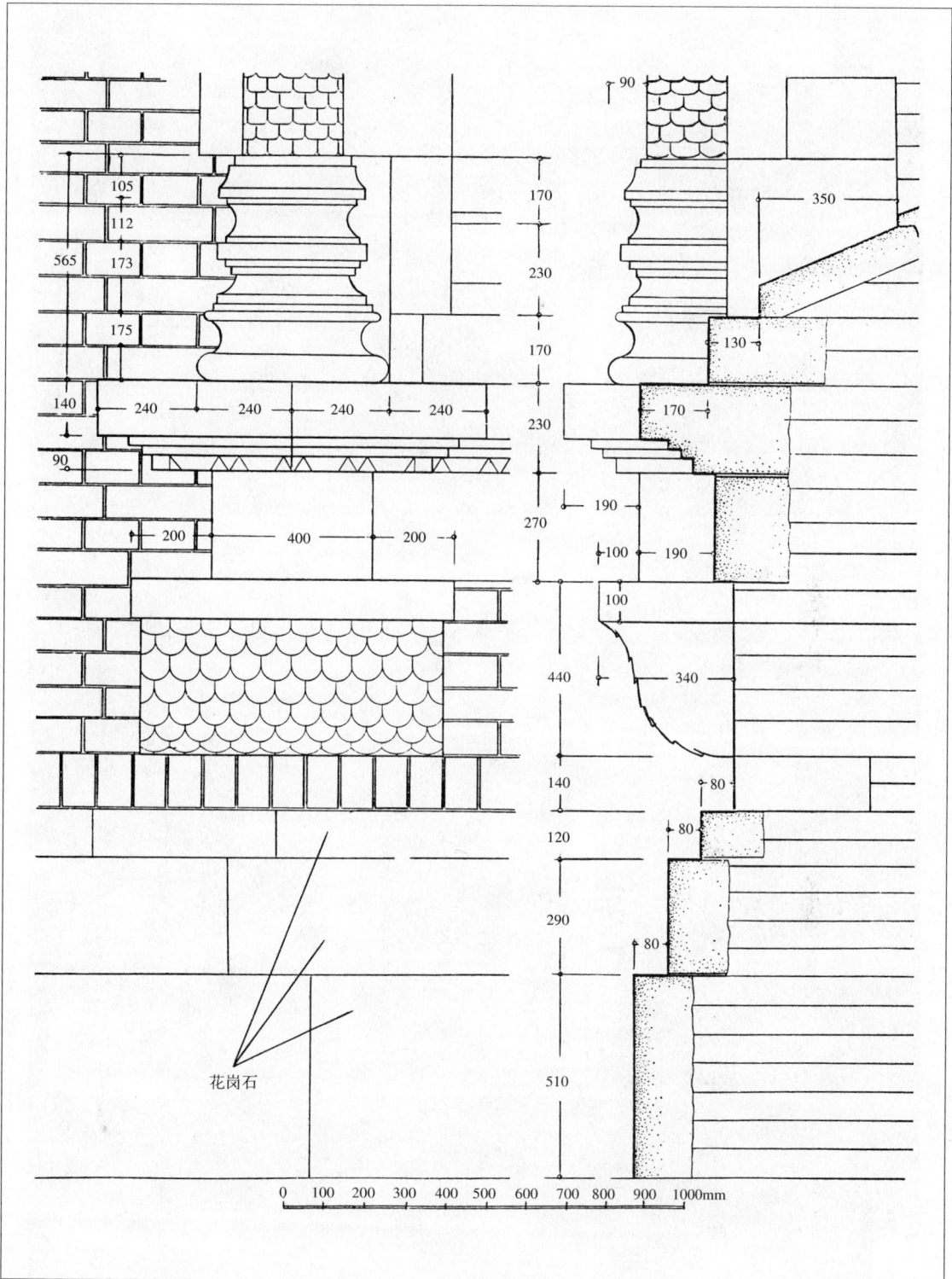

105

112

565　173

175

140

90

200

240　240　240　240

400　200

花岗石

170

230

170

230

270

440

140

120

290

510

90

350

130

170

190

100　190

100

340

80

80

80

0　100　200　300　400　500　600　700　800　900　1000mm

**莫斯科市　市政大楼**（1949 年）

窗户口位于红色花岗石镶面墙体中，窗贴脸为镜面石板镶贴。

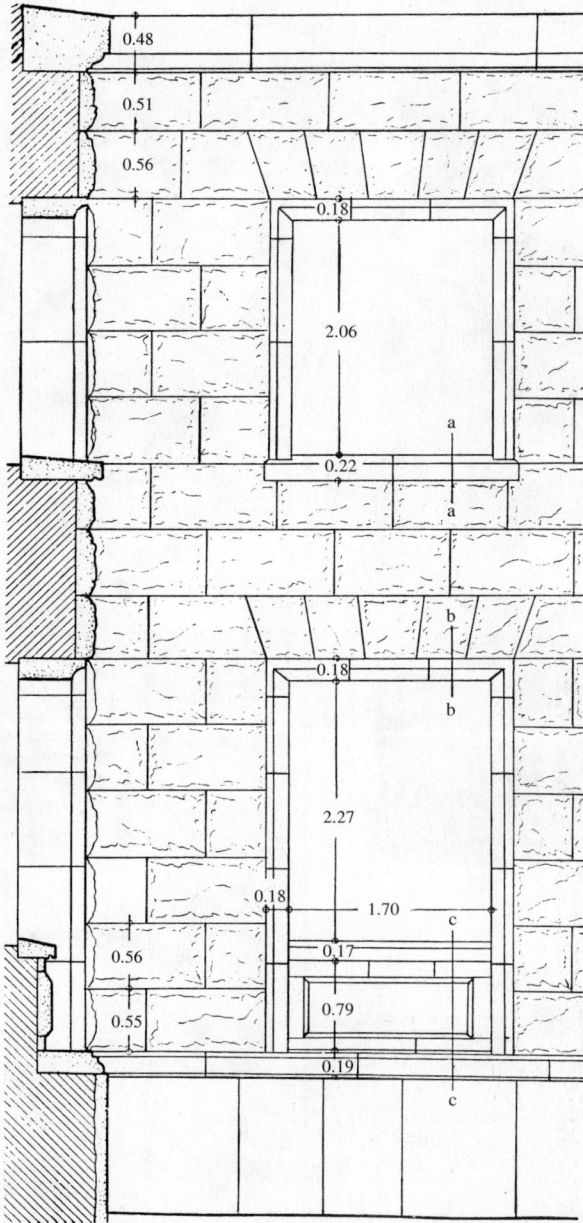

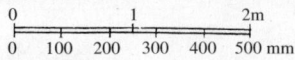

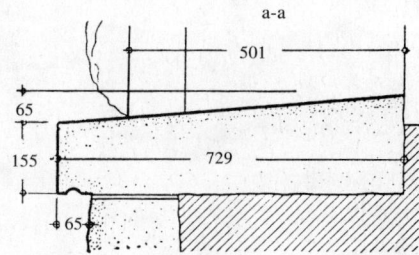

a-a

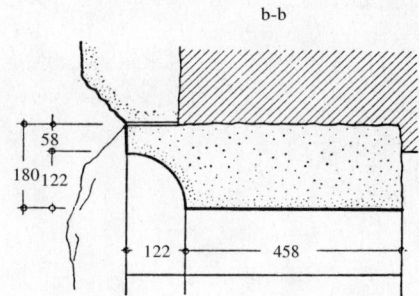

b-b

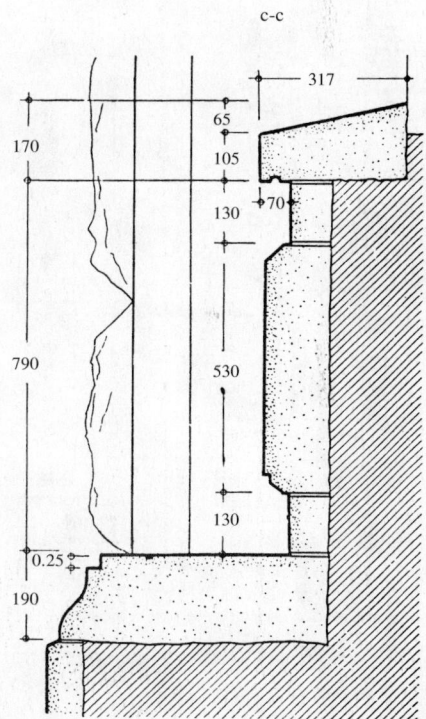

c-c

**莫斯科市　市政大楼**（1949 年）

拱形窗贴脸为红色花岗石料琢面，窗台板为同种石料琢面制成。

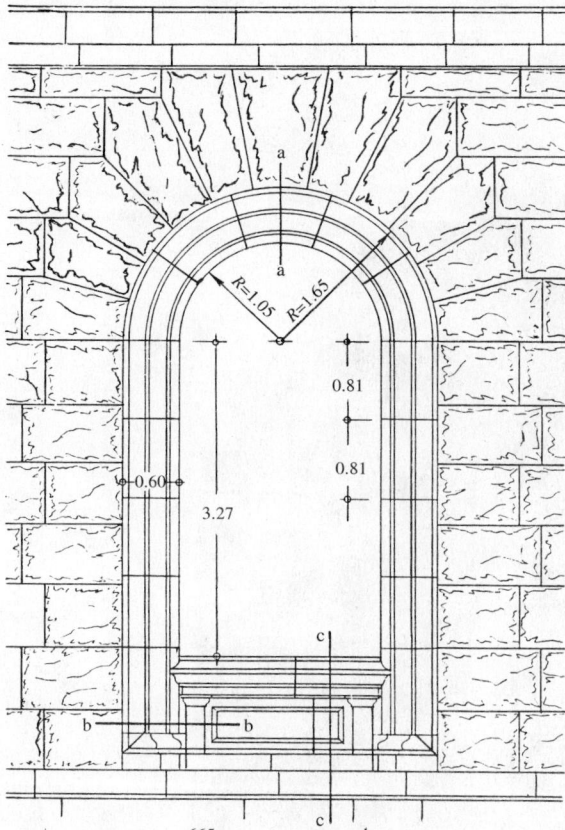

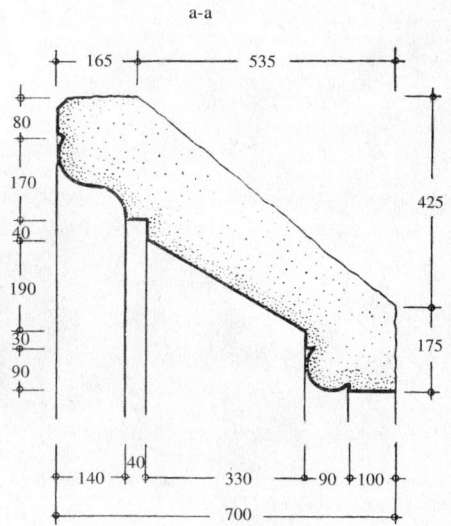

a-a

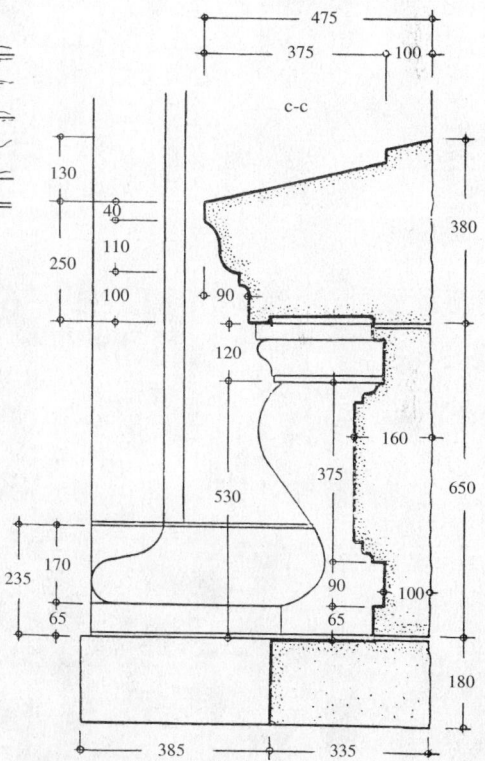

c-c

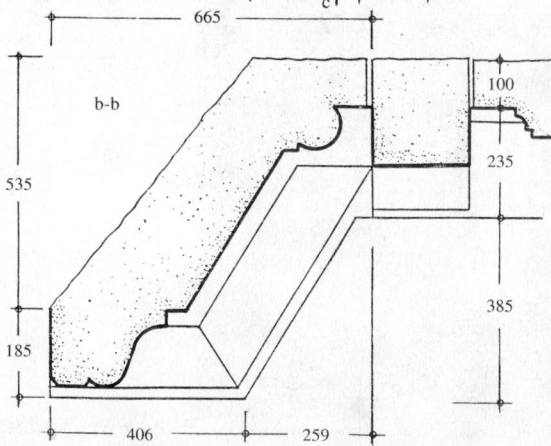

b-b

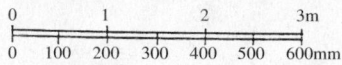

**莫斯科市 俄罗斯宾馆**（1951 年）

拱形窗贴脸为镜面红色花岗石制成，墙面为水泥砂浆。

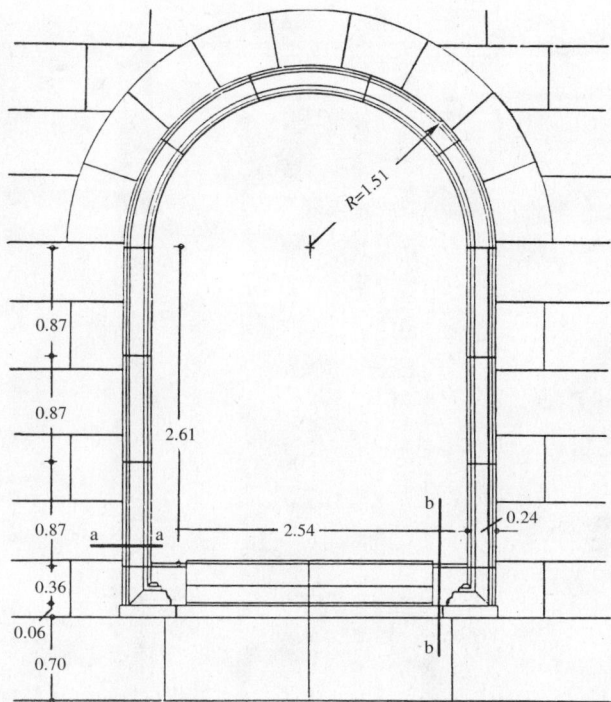

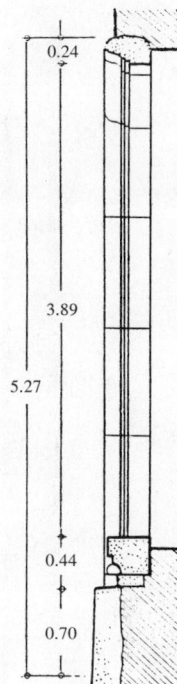

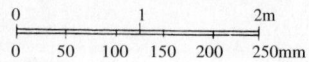

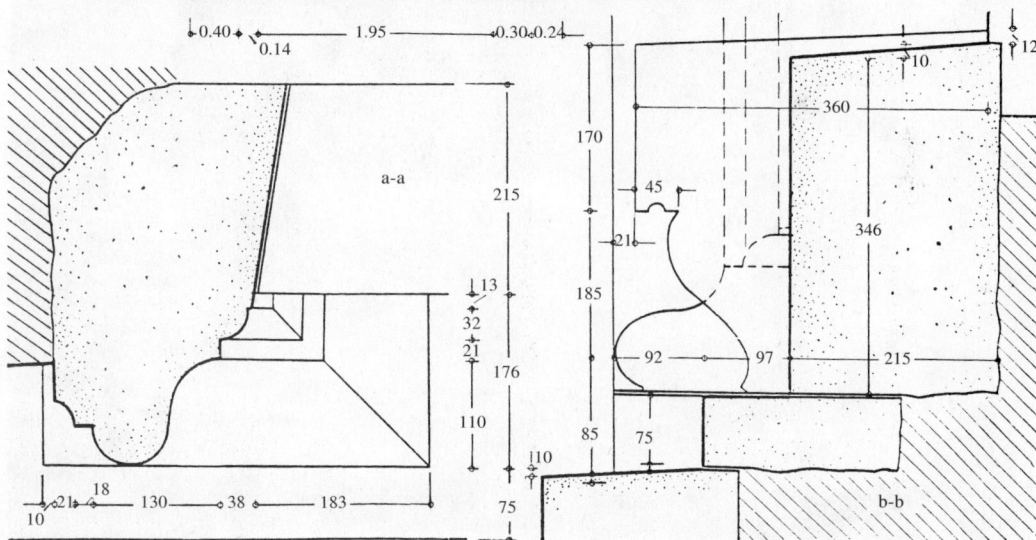

莫斯科市　莫斯科大学礼堂（1953 年）

窗贴脸为镜面石灰石板砌制，窗台板及托架为镜面花岗石，墙面为陶瓷方面砖镶贴。

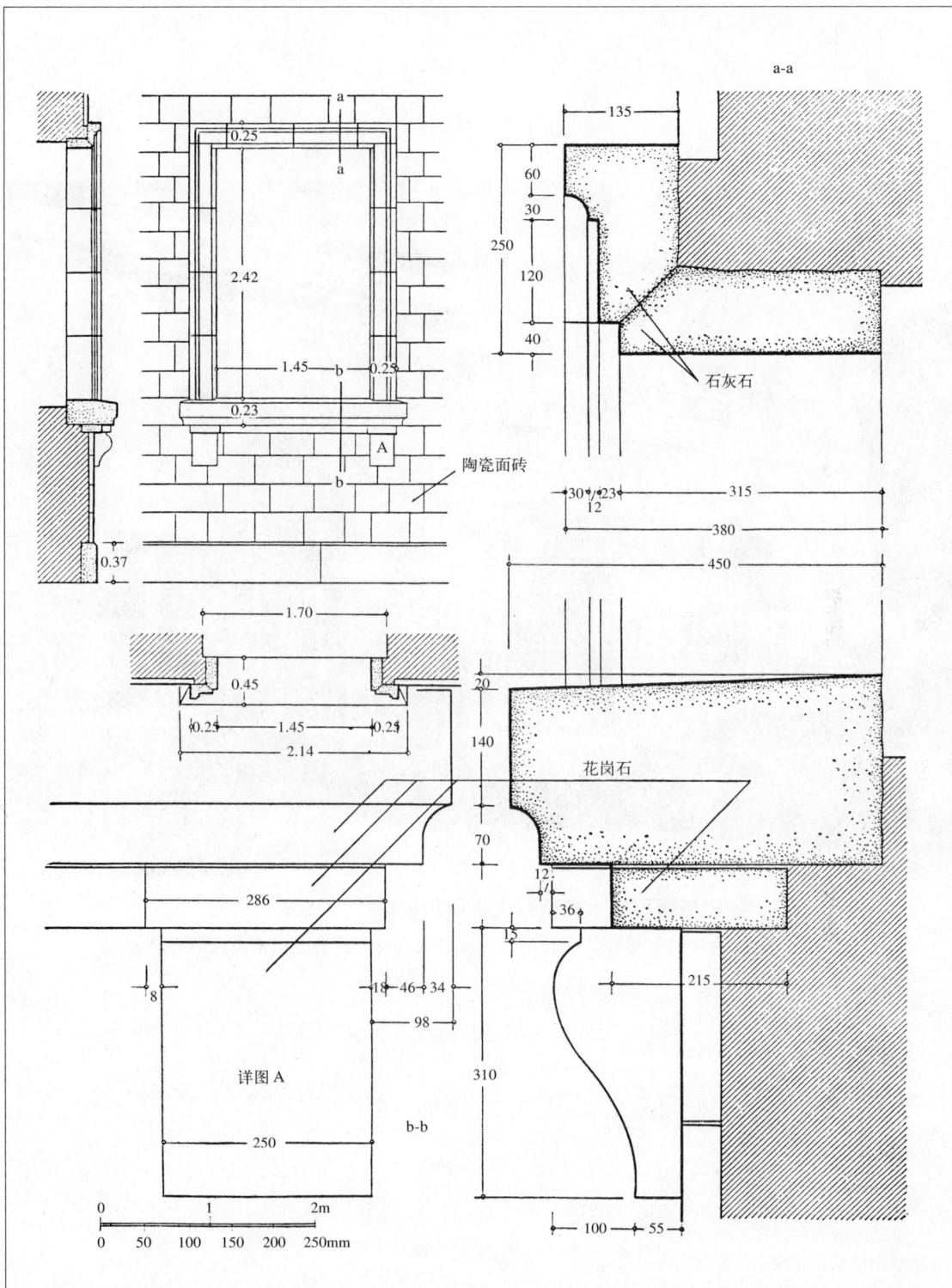

a-a

135

60
30
250
120
40

石灰石

0.25
a
a

2.42

1.45 b 0.25

0.23

A

陶瓷面砖

0.37

30 23
12
315
380
450

1.70

0.45

0.25 1.45 0.25
2.14

20

140

花岗石

70

286

12
7

36

18 46 34
98

8

15

215

详图 A

310

250

b-b

100 55

0 1 2m
0 50 100 150 200 250mm

**莫斯科市　莫斯科大学俱乐部楼**（1953 年）

拱形窗贴脸为双层曲面石料镶嵌而成，窗台板为镜面红色花岗石置于托架上。

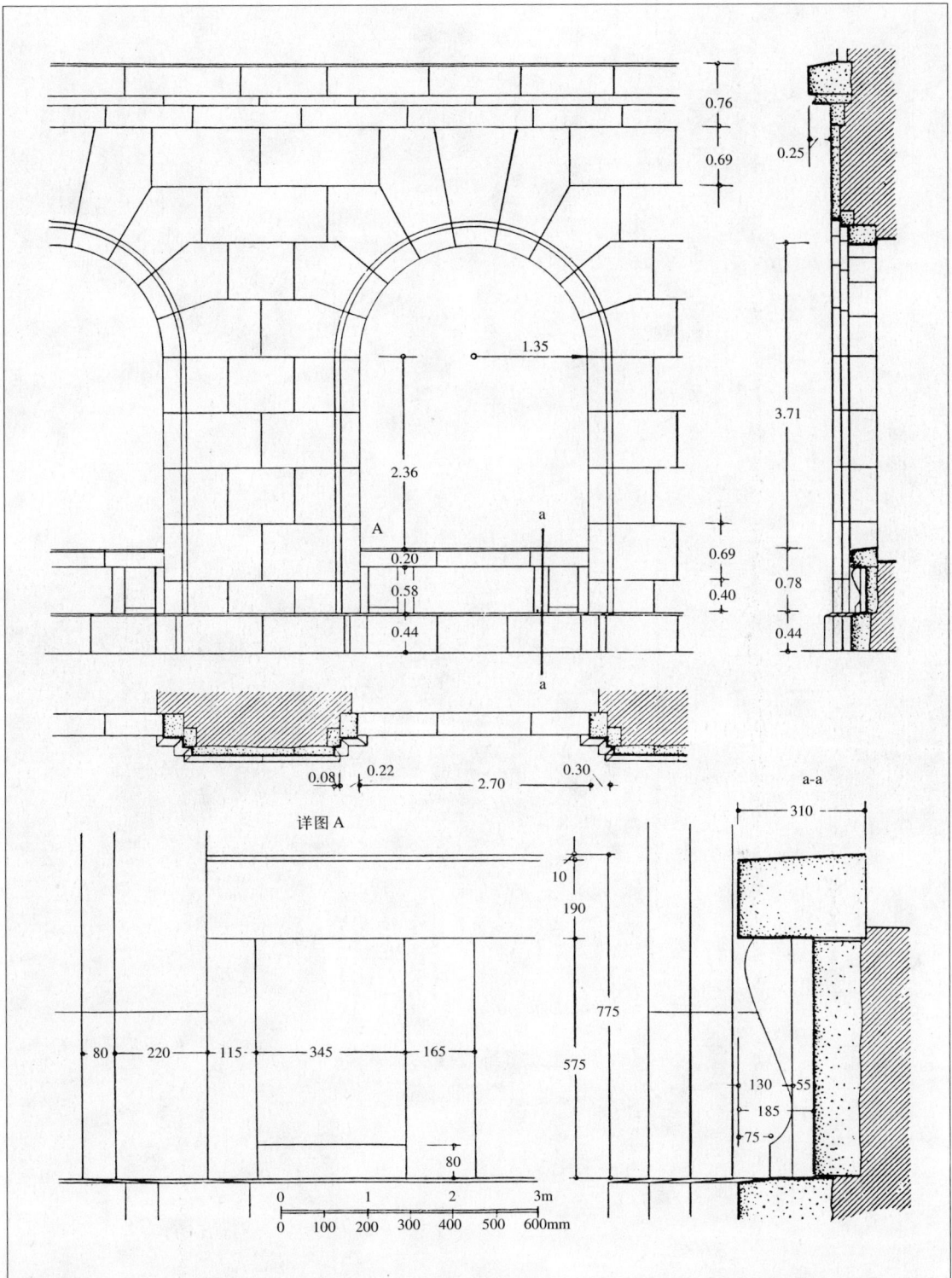

0.76
0.69
0.25
1.35
3.71
2.36
A
a
0.20
0.69
0.58
0.40
0.44
0.78
0.44
a

0.08  0.22      2.70        0.30
a-a

详图 A

310

10
190
775
575

80  220  115    345    165

130  55
185
75

80

0    1    2    3m

0  100  200  300  400  500  600mm

**圣彼得堡市  姆拉莫尔宫**（1768～1785 年）

柱身是镜面粉红色大理石，柱头为白色大理石的混凝土预制而成，

圆柱和柱头在 1952～1953 年间修复过。

墙的表面

柱的中心线

**圣彼得堡市   姆拉莫尔宫**（1768~1785 年）
壁柱为粉红色镜面大理石按设计规格镶贴而成，柱头用三块白色大理石雕琢组合。
壁柱及柱头在 1952~1953 年间修复过。

**圣彼得堡市　涅瓦大门圣彼得堡要塞**（1787 年）
柱基、柱头和柱身是用粗凿面大块银灰色花岗石建成。

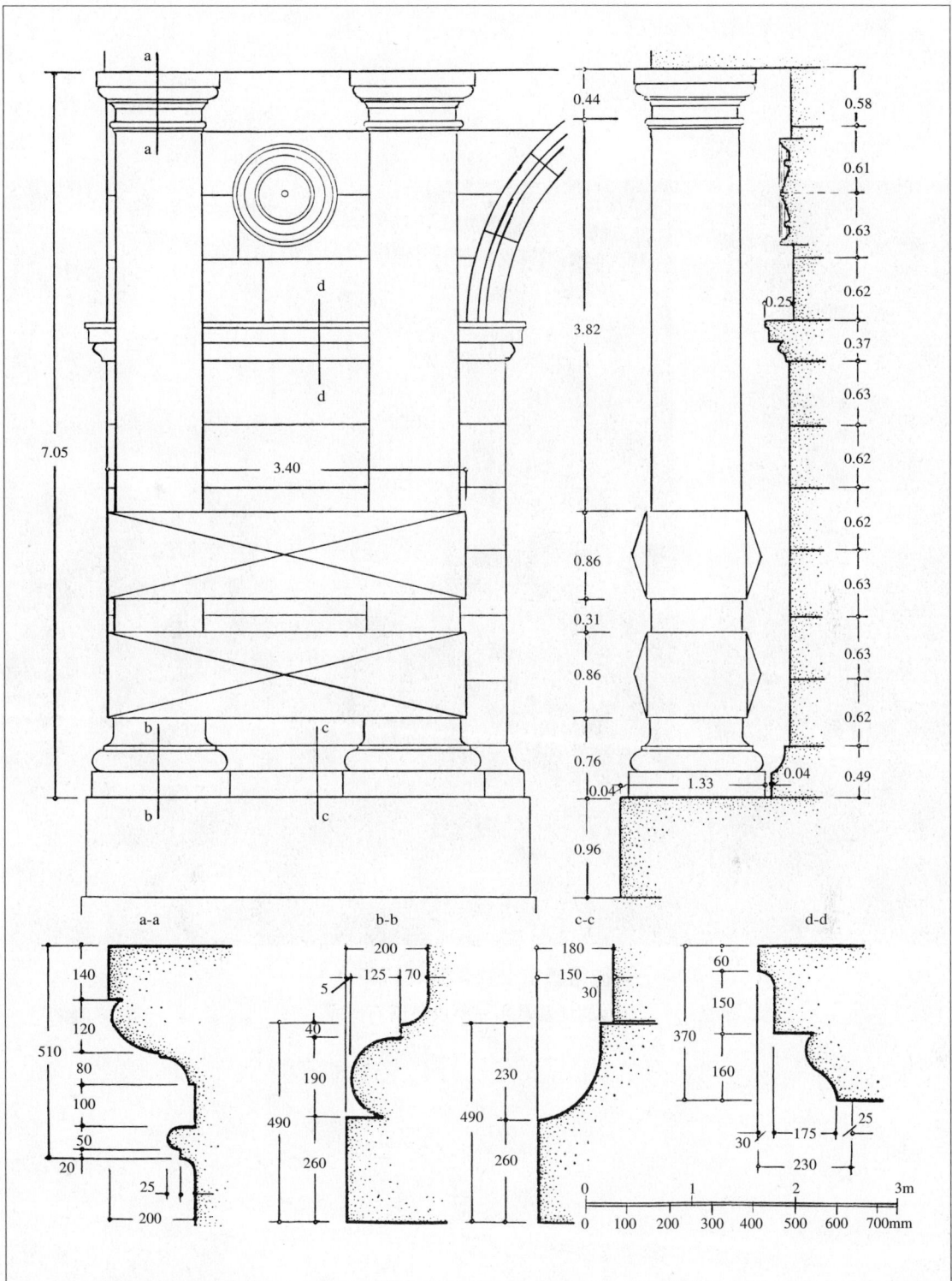

a-a  b-b  c-c  d-d

**圣彼得堡市　科学院**（1787年）
圆柱的柱基是用一整块花岗石凿成。

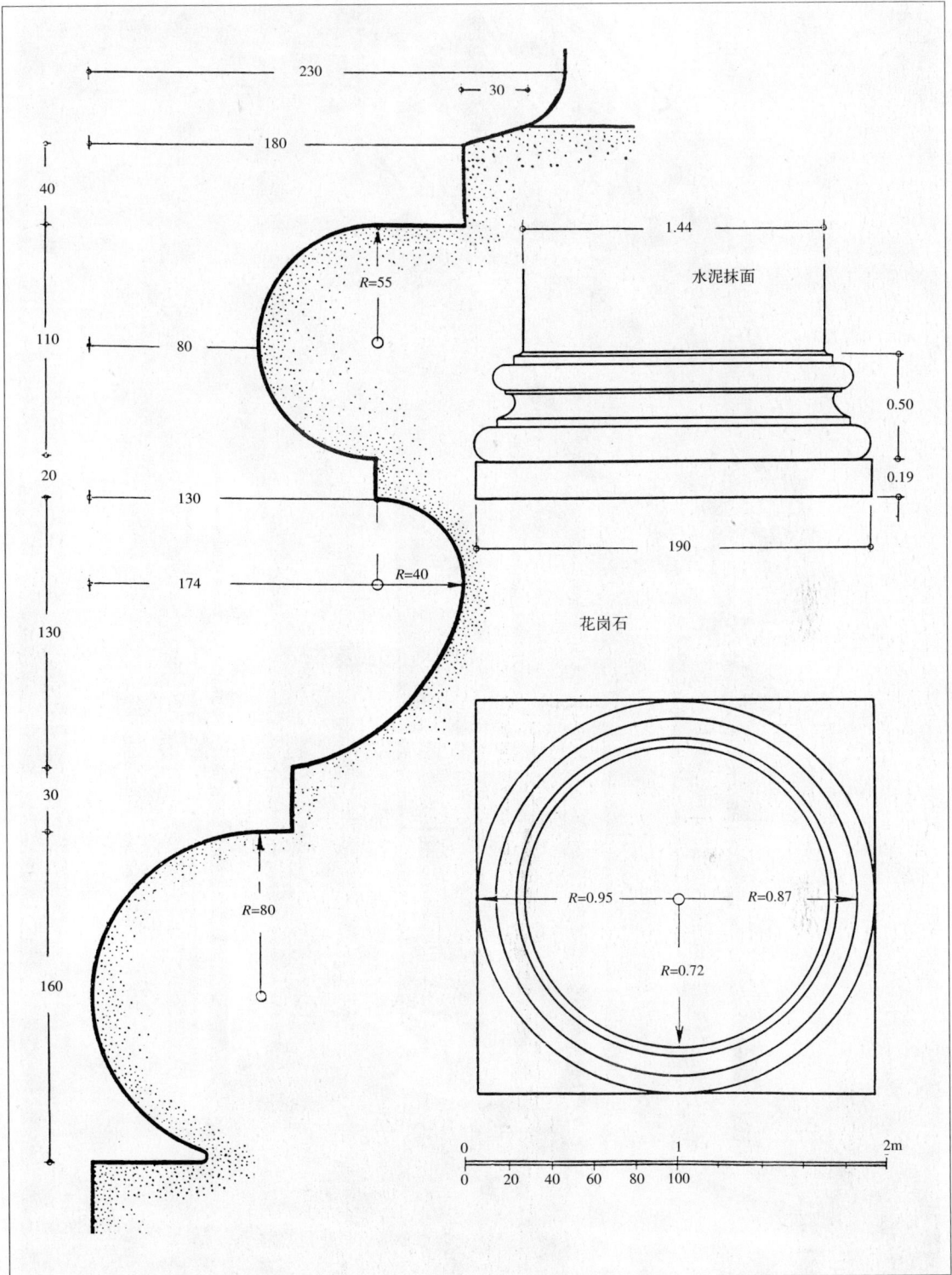

230

30

180

40

110 80 $R=55$

20

130

174 $R=40$

130

30

$R=80$

160

1.44

水泥抹面

0.50

0.19

190

花岗石

$R=0.95$ $R=0.87$

$R=0.72$

0 1 2m

0 20 40 60 80 100

**莫斯科市 科林奇医院**（1801 年）

圆柱、檐部为大块石灰石砌体建成，额枋由楔形石砌旋于铁板条上，飞檐为砌于墙内的装饰托檐石，檐壁由三垄板与雕塑的嵌板组成。柱身、柱基均由砂岩石料建成。

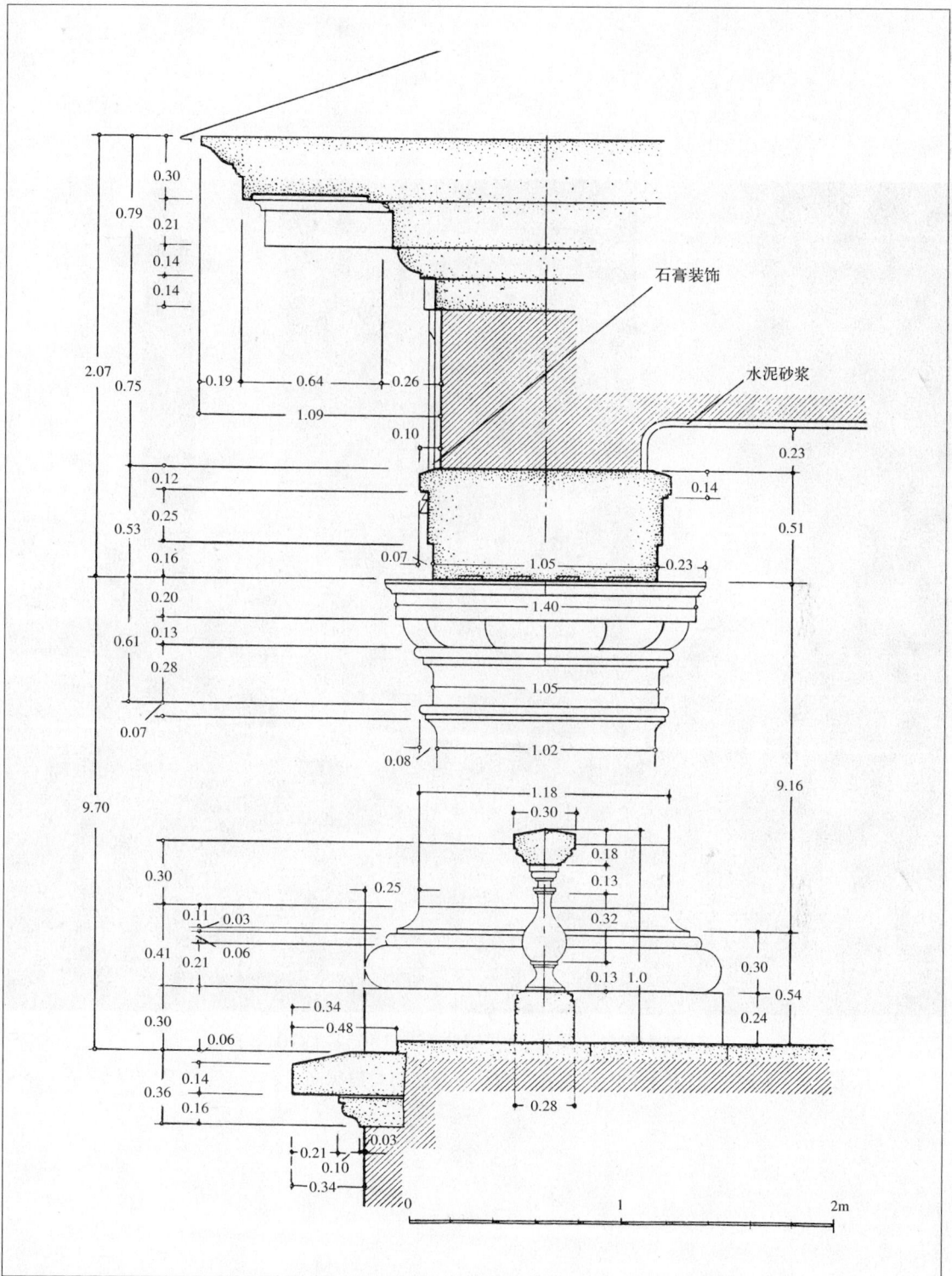

石膏装饰

水泥砂浆

0.30
0.79
0.21
0.14
0.14
2.07
0.75
0.19
0.64
0.26
1.09
0.10
0.23
0.12
0.14
0.25
0.51
0.53
0.16
0.07
0.20
1.05
0.23
0.61
0.13
1.40
0.28
1.05
0.07
0.08
1.02
9.70
1.18
9.16
0.30
0.30
0.18
0.25
0.13
0.11
0.03
0.32
0.41
0.06
0.21
0.13
1.0
0.30
0.30
0.54
0.34
0.24
0.06
0.48
0.14
0.36
0.16
0.28
0.03
0.21
0.10
0.34

0 1 2m

**圣彼得堡市 海军战舰博物馆**（1805～1810 年）
圆柱的柱基是由一整块花岗岩石料雕琢而成。

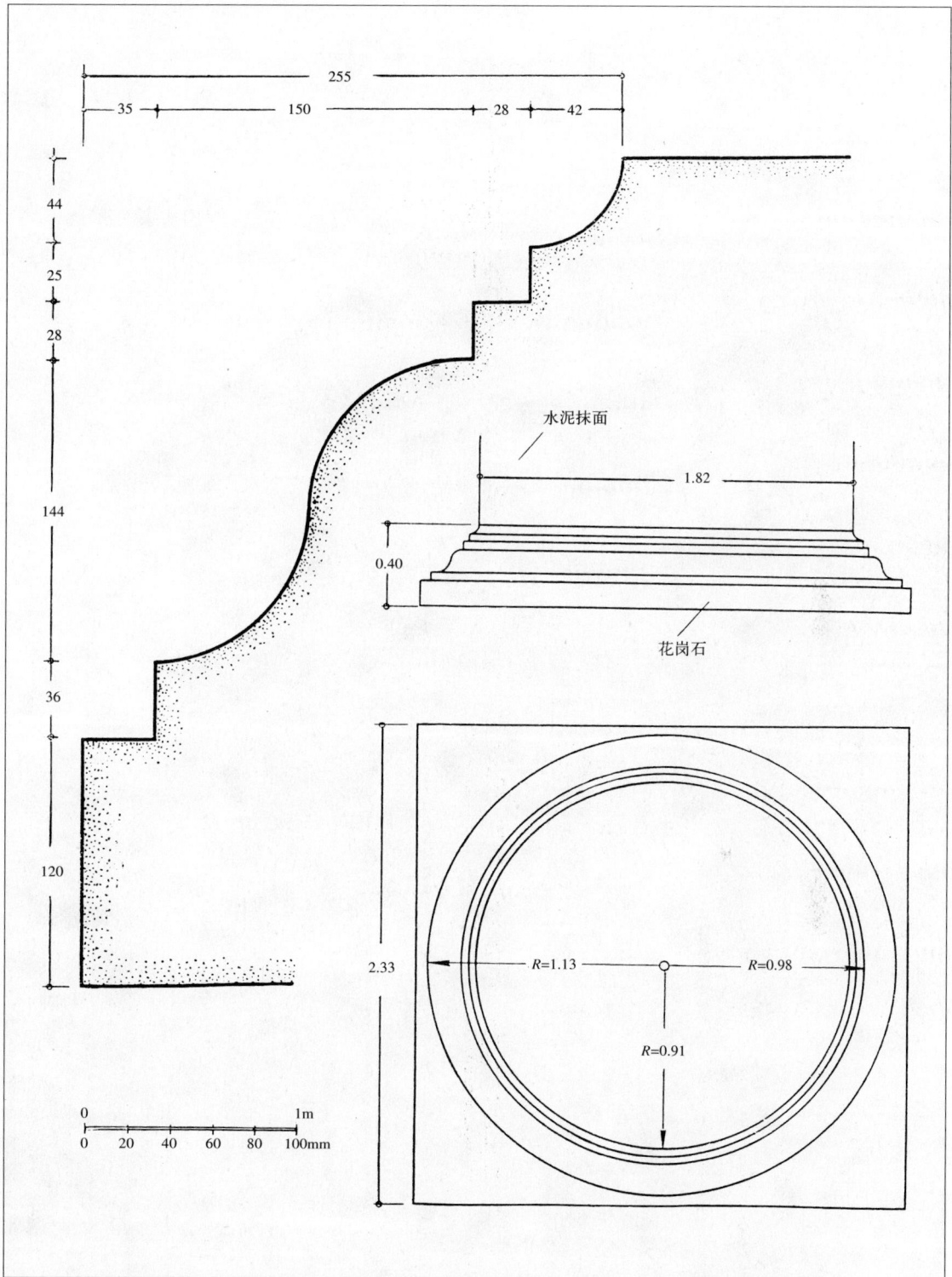

255

35 150 28 42

44

25

28

144

36

120

水泥抹面

1.82

0.40

花岗石

2.33

R=1.13    R=0.98

R=0.91

0                    1m

0    20    40    60    80    100mm

**圣彼得堡市　普尔科沃天文台**（1832 年）

多立克式圆柱为石灰石凿成凹槽组建，每层砌体用四块石料铆固组成。

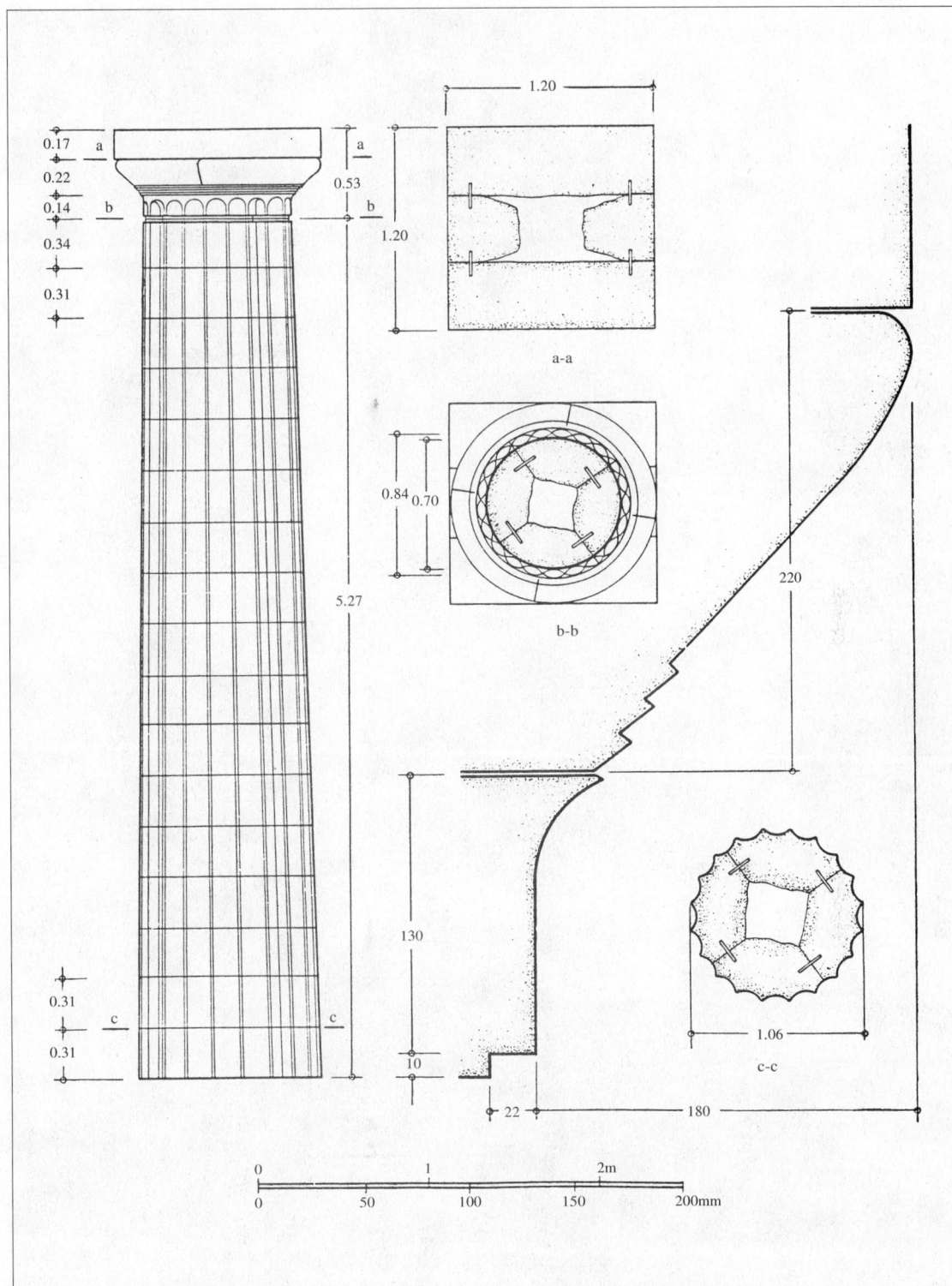

0.17
0.22
0.14
0.34
0.31

a
b

a
b

0.53
1.20

1.20

a-a

0.84 0.70

b-b

5.27

220

130

10

22

180

0.31
0.31

c
c

1.06

c-c

0
1
2m

0    50    100    150    200mm

**莫斯科市　格拉茨第一医院**（1837年）

圆柱每层砌体由两块规整带有企缝的石料拼合组成 ，石料为大块石灰石，柱基为砂岩石料。

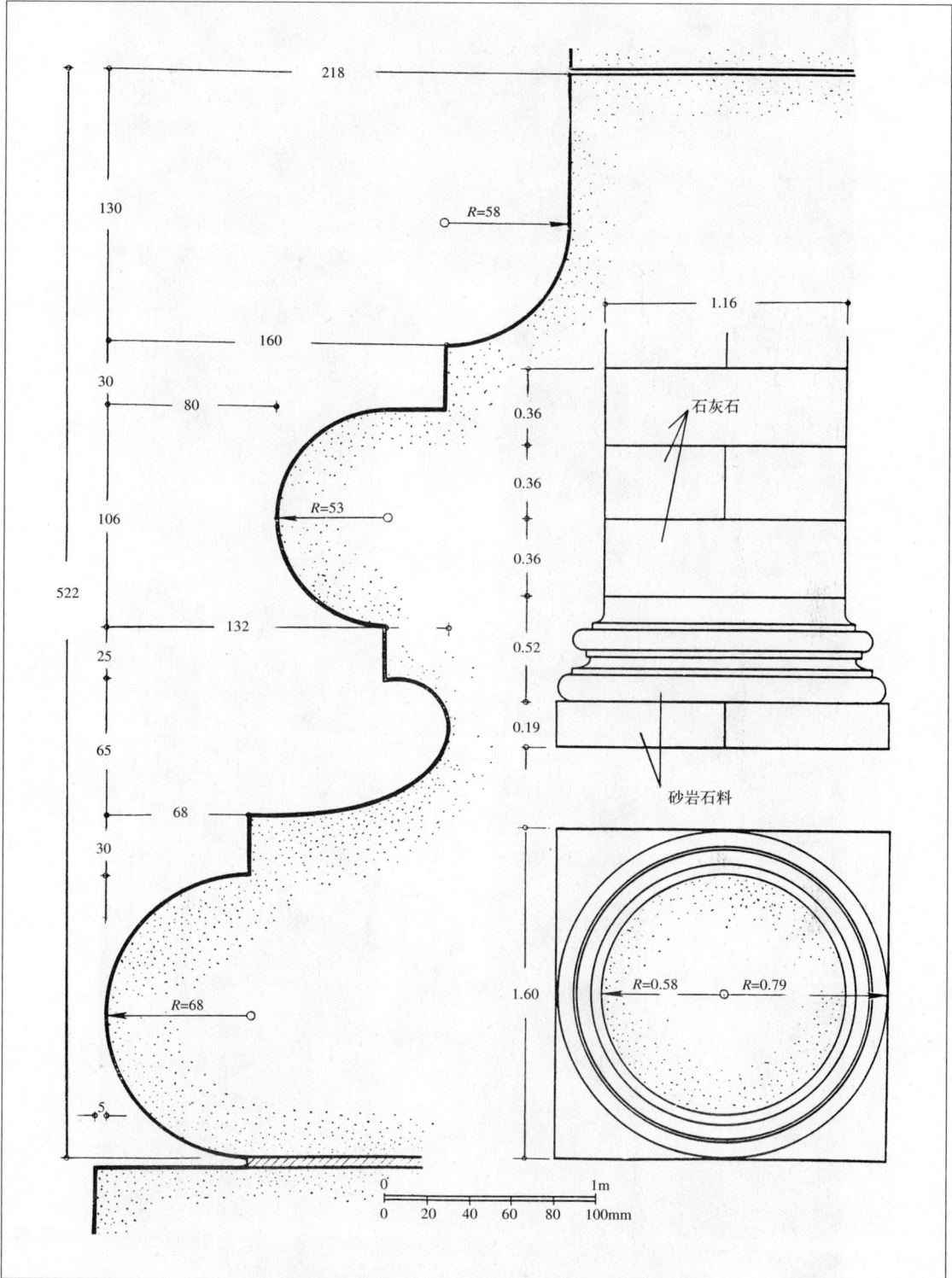

218

130

160

30

80

R=58

R=53

106

132

25

65

68

30

522

R=68

5

1.16

石灰石

0.36

0.36

0.36

0.52

0.19

砂岩石料

1.60

R=0.58    R=0.79

0        1m
0   20  40  60  80  100mm

莫斯科市　普希金造型艺术博物馆（1912年）

圆柱柱身为镜面红灰色花岗石整体雕琢而成，柱头亦为同样石料整块雕琢。

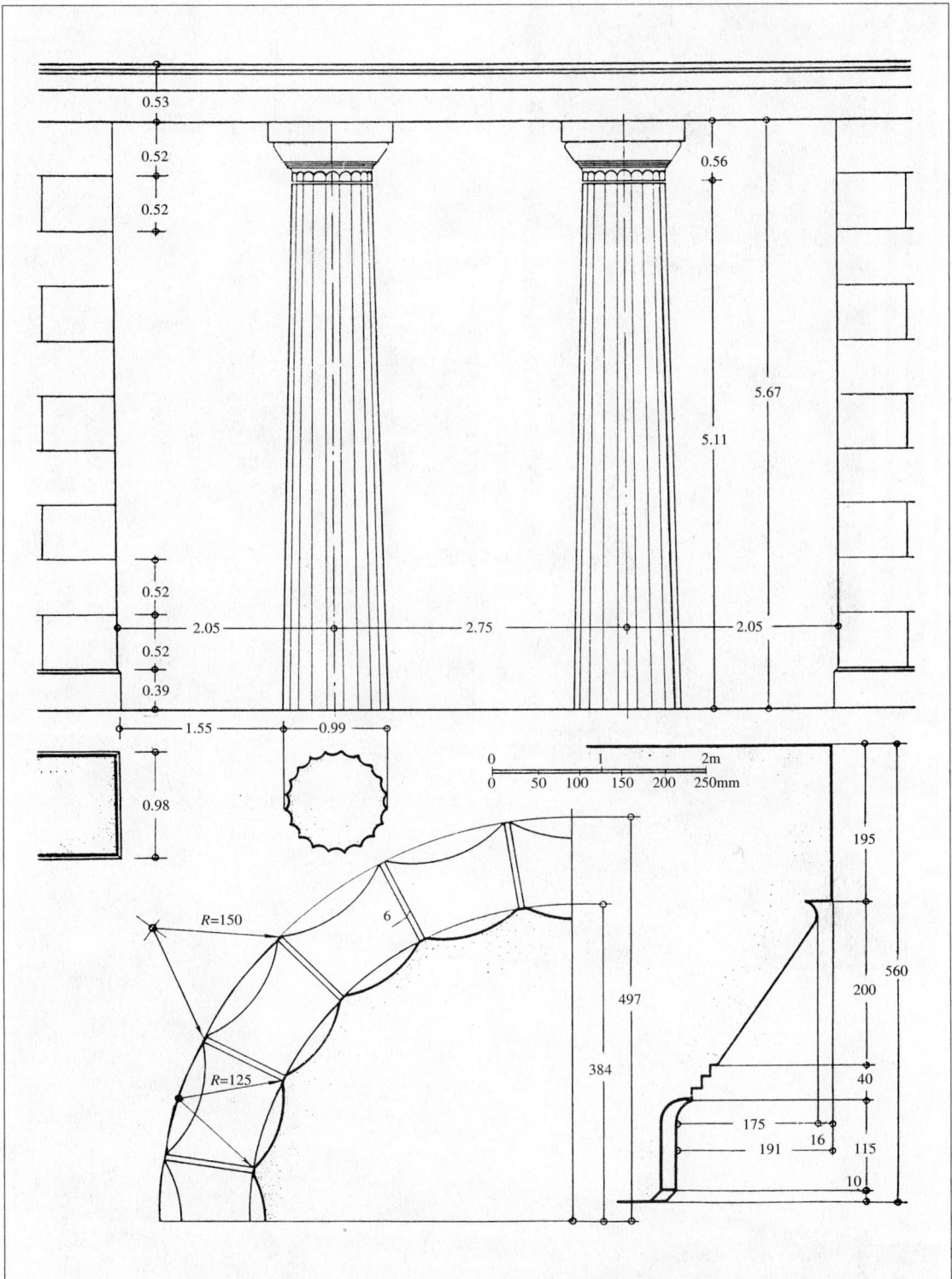

0.53

0.52

0.52

0.56

5.67

5.11

0.52

2.05　2.75　2.05

0.52

0.39

1.55　0.99

0.98

R=150

6

R=125

195

560

200

497

40

384

175

191　16　115

10

2m
250mm

**莫斯科市　普希金造型艺术博物馆**（1912 年）
圆柱柱身为白色大理石截头圆锥体拼组而成，柱基位于地面下桩基础上。

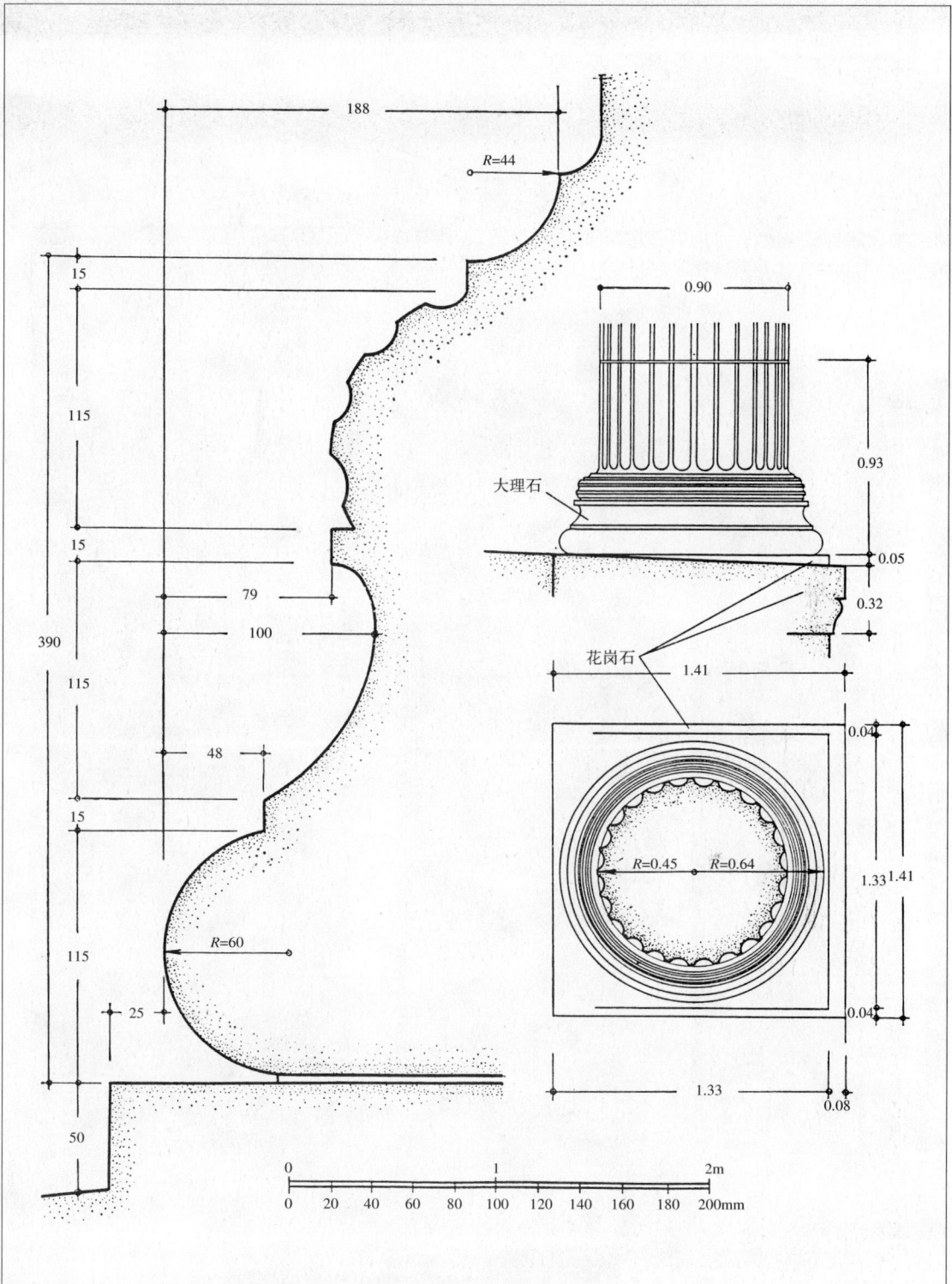

188

R=44

15

115

15

79

100

390

115

48

15

115

R=60

25

50

0.90

0.93

0.05

0.32

大理石

花岗石

1.41

0.04

R=0.45 R=0.64

1.33 1.41

0.04

1.33

0.08

0 1 2m

0 20 40 60 80 100 120 140 160 180 200mm

**莫斯科市　基辅火车站门廊**（1912 年）

圆柱是由凿毛面灰色花岗石的大型截头圆锥体拼接而成。柱头是用金属制成。

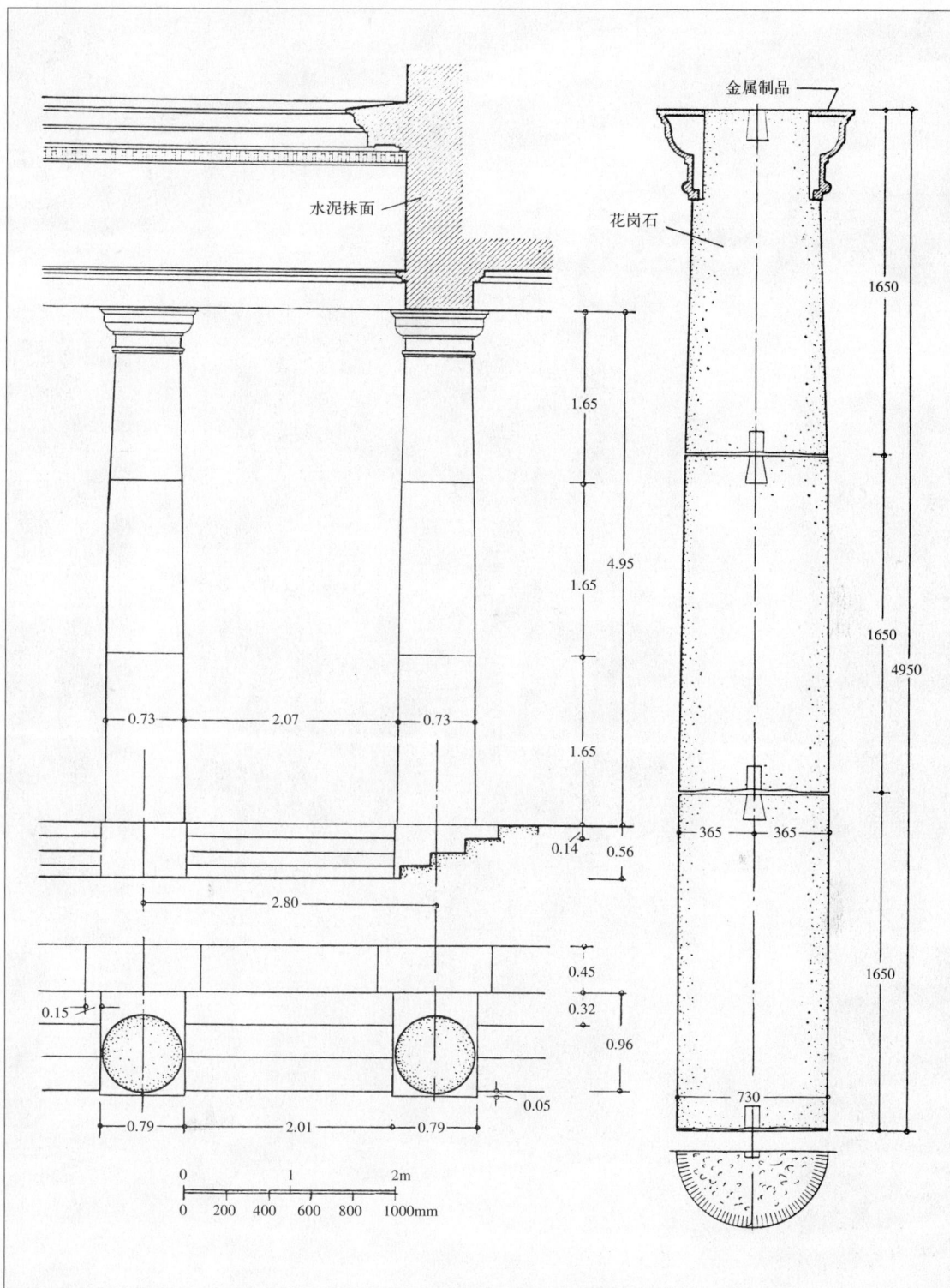

水泥抹面

金属制品

花岗石

0.73　2.07　0.73

1.65

1.65

4.95

1.65

0.14　0.56

2.80

0.45

0.32

0.96

0.15

0.79　2.01　0.79

0.05

1650

1650

4950

1650

365　365

730

0　　　1　　　2m

0　200　400　600　800　1000mm

**圣彼得堡市　居住大楼**（1912 年）

柱身是由镜面红色花岗石建成，柱基、柱头装饰用青铜铸成。

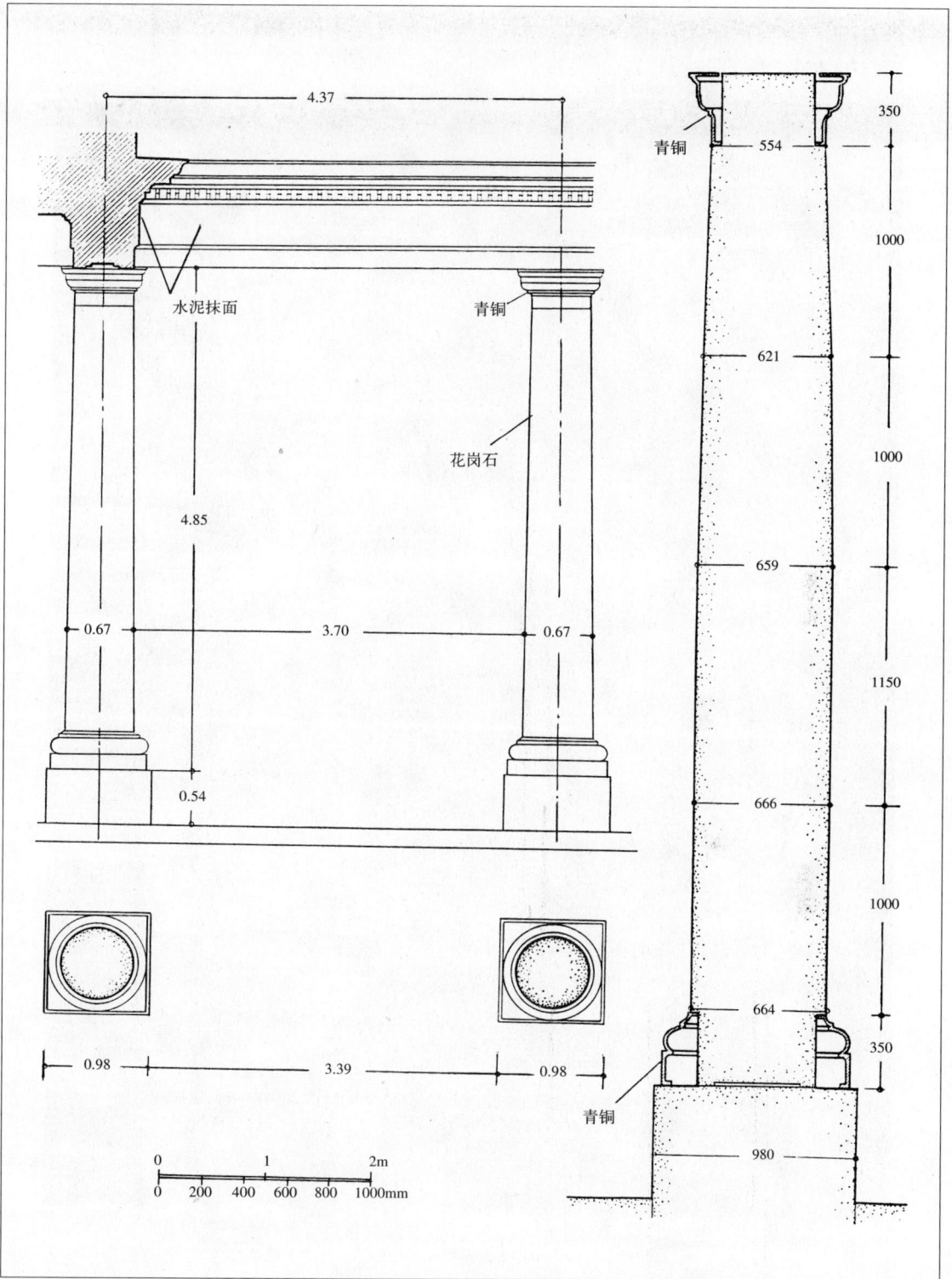

水泥抹面

青铜

花岗石

青铜

青铜

0 1 2m
0 200 400 600 800 1000mm

**圣彼得堡市　市政大楼**（1912 年）

柱身是由粗面灰色花岗石圆筒状石与直角状石组装而成，每层高度与墙面模数相适应，

柱头亦为同种花岗石雕琢而成。

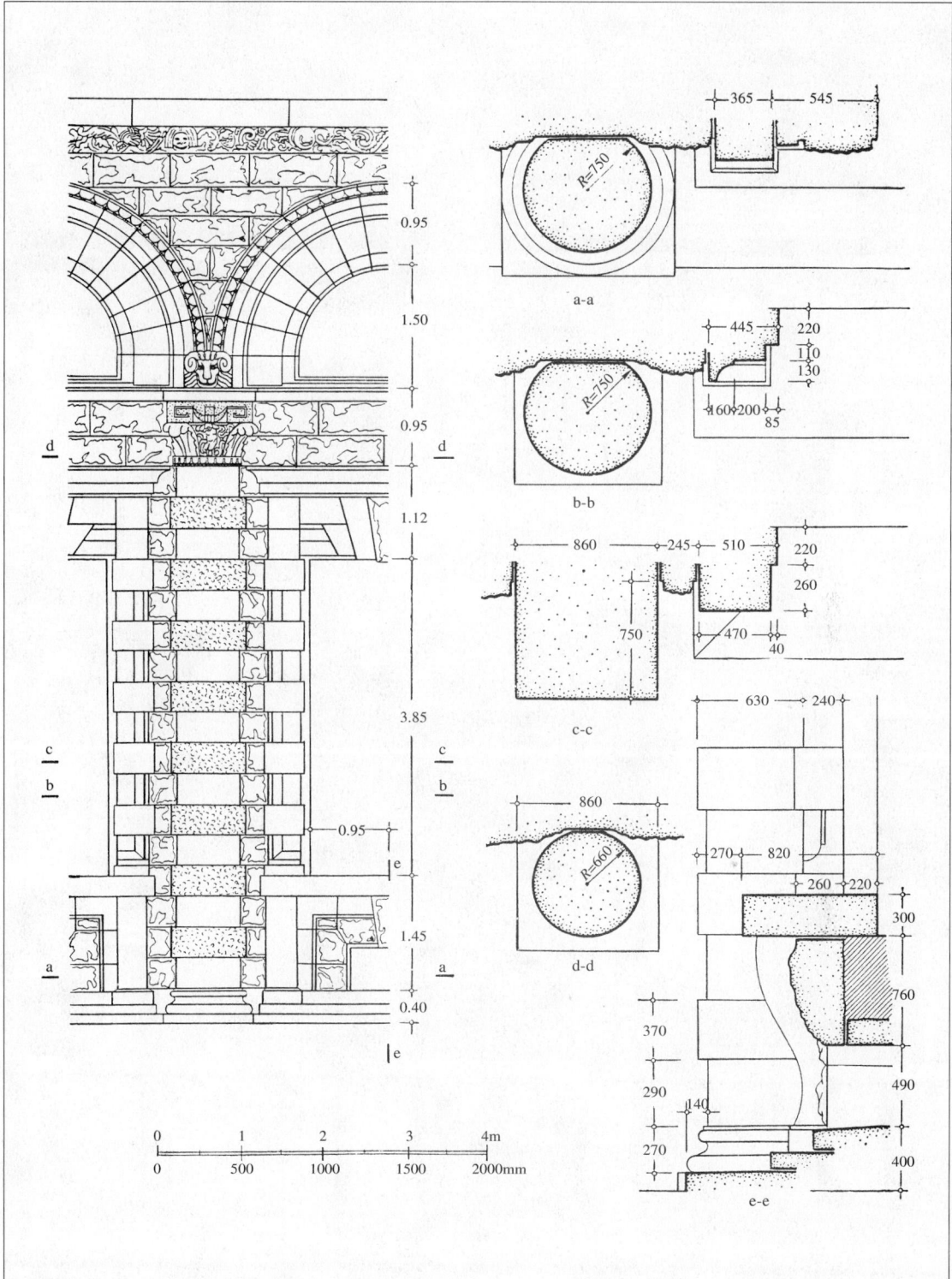

0.95

1.50

0.95

d — d

1.12

c — c
b — b

3.85

0.95

e

1.45

a — a

0.40

e

0     1     2     3     4m

0    500   1000   1500   2000mm

365    545

R=750

a-a

445    220   110   130

R=750   160   200   85

b-b

860   245   510   220

750   260   470   40

c-c

860

R=660

d-d

630   240

270   820   260   220

300

760

370

290   140

490

270

400

e-e

**圣彼得堡市　市政大楼**（1912 年）

圆柱用 1.5～2m 高灰色粗面花岗石建成，柱头、檐部也为同类石料。

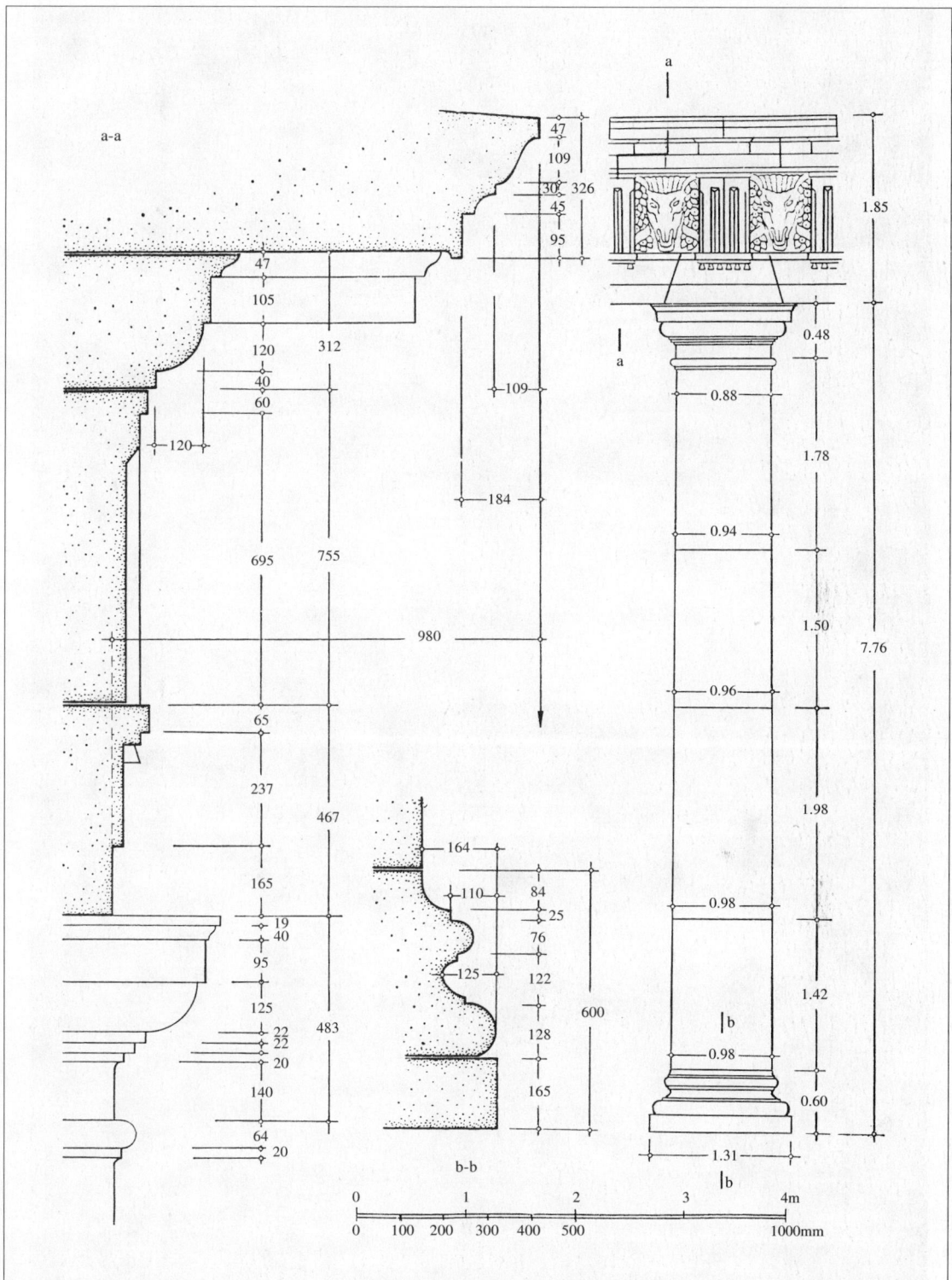

a-a

47
105
120
40
60
120
695
312
755
980
65
237
467
165
19
40
95
125
22
22
20
140
64
20
483

47
109
30 326
45
95
109
184

164
110 84
25
76
125 122
128
165
600

b-b

a
a

1.85
0.48
0.88
1.78
0.94
1.50
0.96
1.98
0.98
1.42
b
0.98
0.60
1.31
b
7.76

0 1 2 3 4m
0 100 200 300 400 500 1000mm

**莫斯科市　喀山火车站**（1917年）

圆柱柱基是由石灰石经艺术加工后，砌筑于装饰托架上而成。

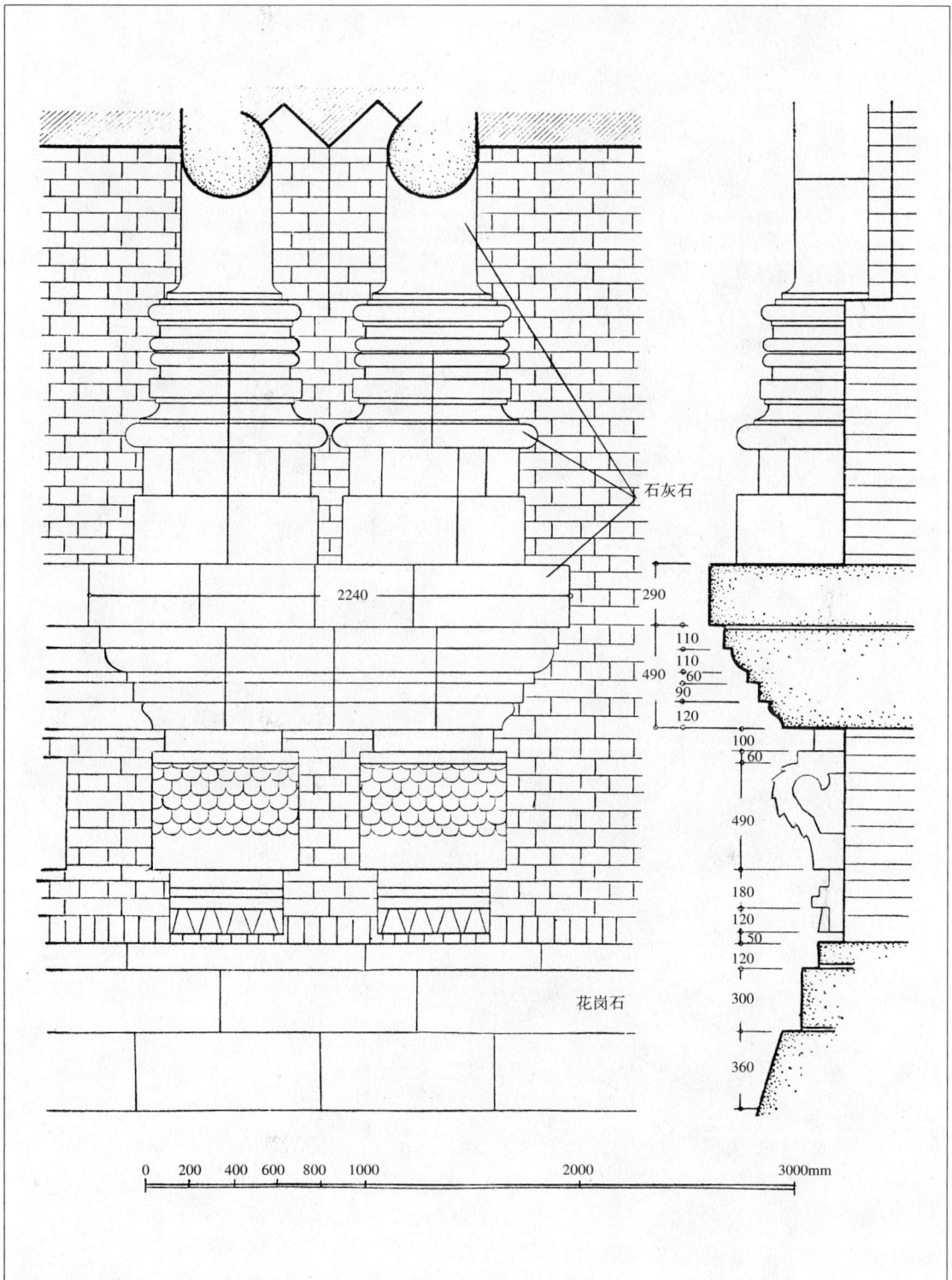

石灰石

2240

290

110
110
60
90
120

490

100
60

490

180
120
50
120

300

360

花岗石

0　200　400 600 800 1000　　　　　2000　　　　3000mm

**莫斯科市　莫斯科大学剧院大楼门廊**（1953年）
方柱为镜面抛光的花岗石板镶贴而成，拼缝规整密合，柱基为镜面大理石镶嵌而成。

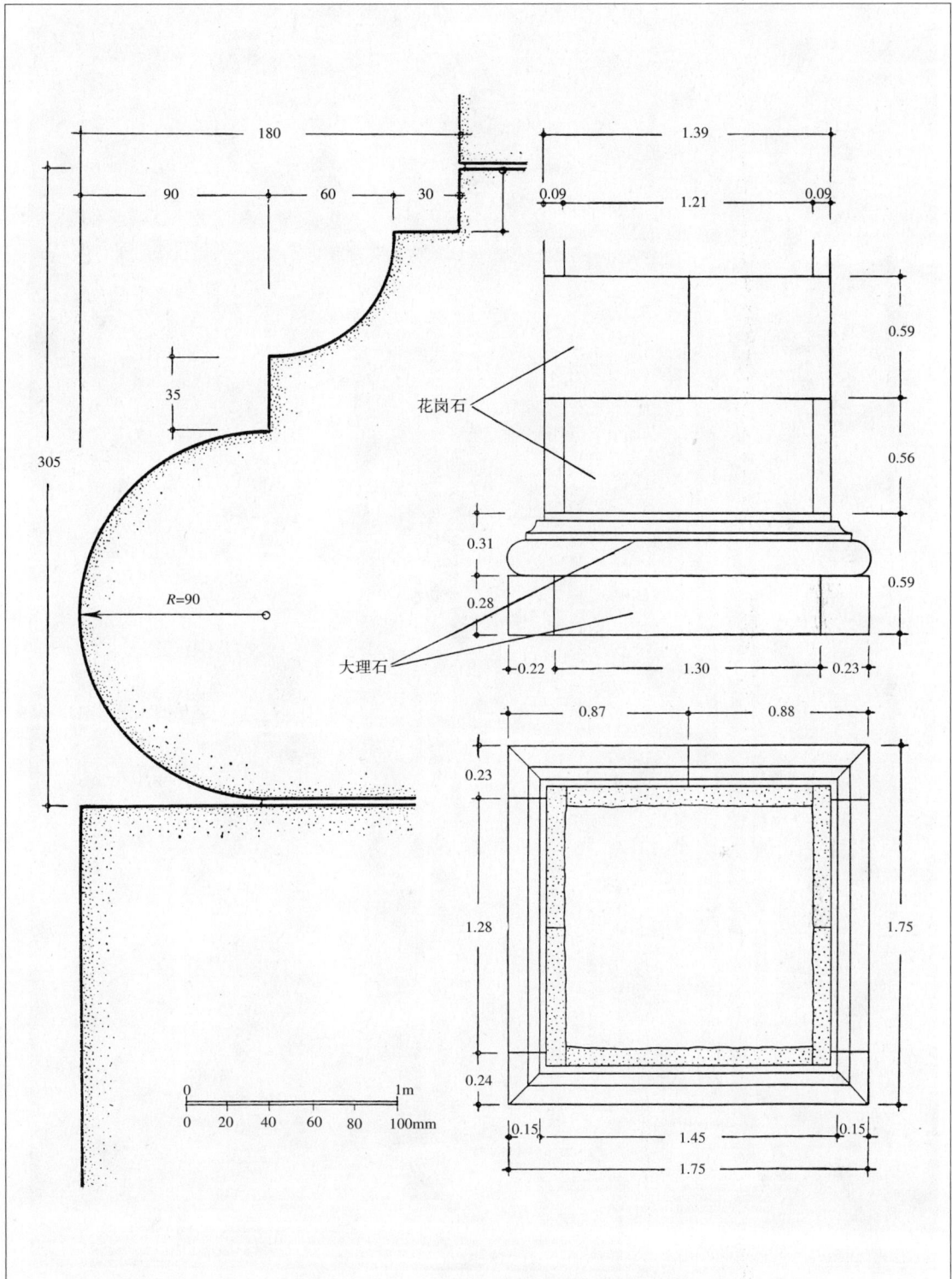

花岗石

大理石

180

90　60　30

305

35

R=90

1.39

1.21

0.09　0.09

0.59

0.56

0.31

0.28

0.59

0.22　1.30　0.23

0.87　0.88

0.23

1.28

1.75

0.24

0.15　1.45　0.15

1.75

0　1m
0　20　40　60　80　100mm

**莫斯科市 莫斯科大学主楼，礼堂大楼门廊**（1953 年）

圆柱、方形柱用琢面红色花岗石建成，柱基、柱头为生铁铸件。圆柱为圆弧形曲面石料拼缝组合，方形柱为方整块石料镶嵌而成。

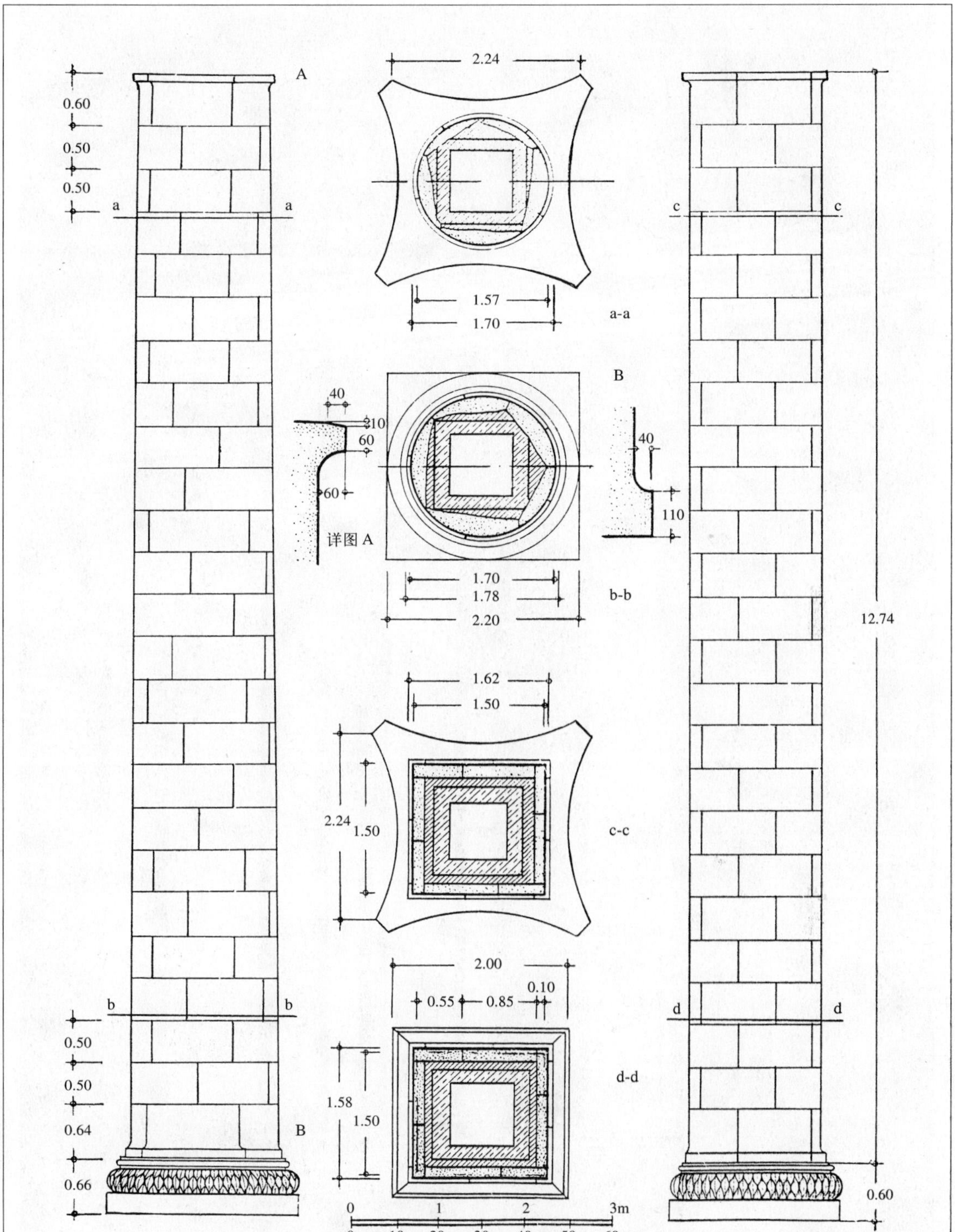
A
B
a-a
b-b
c-c
d-d
详图 A
2.24
1.57
1.70
1.78
2.20
1.62
1.50
2.00
0.55
0.85
0.10
1.58
0.60
0.50
0.64
0.66
12.74
0 1 2 3m
0 10 20 30 40 50 60mm

**莫斯科市  莫斯科大学主楼，礼堂大楼门廊侧面**（1953年）

圆形、方形柱用琢面红色花岗石建成，柱基、柱头为生铁铸件。圆形为圆弧形曲面石料拼缝组合，方形
柱为方整块石料镶嵌而成。

**莫斯科市　莫斯科大学主楼，礼堂大楼门廊内侧**（1953 年）
圆柱、方形柱用琢面红色花岗石建成，柱基、柱头为生铁铸件。圆柱为圆弧形曲面石料拼缝组合，方形
柱为方整块石料镶嵌而成。

**莫斯科市　环形地铁站的地上站房**（1952 年）

八面体柱为琢面白色大理石较厚的方板石块镶贴的，柱基由花岗石琢成，柱头为雕塑装饰。

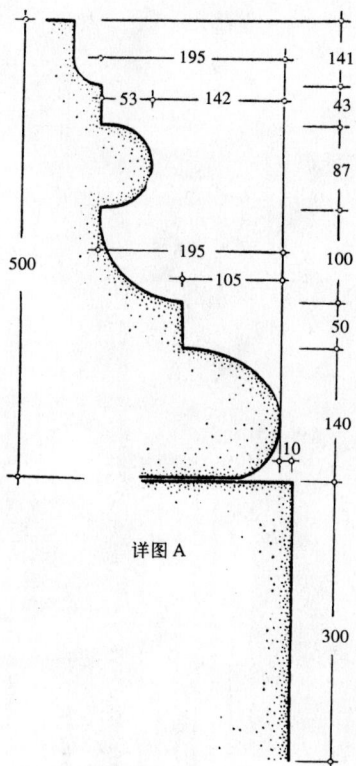

详图 A

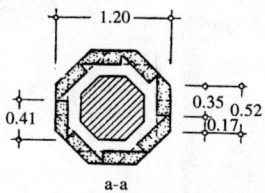

a-a

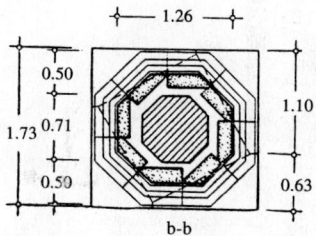

b-b

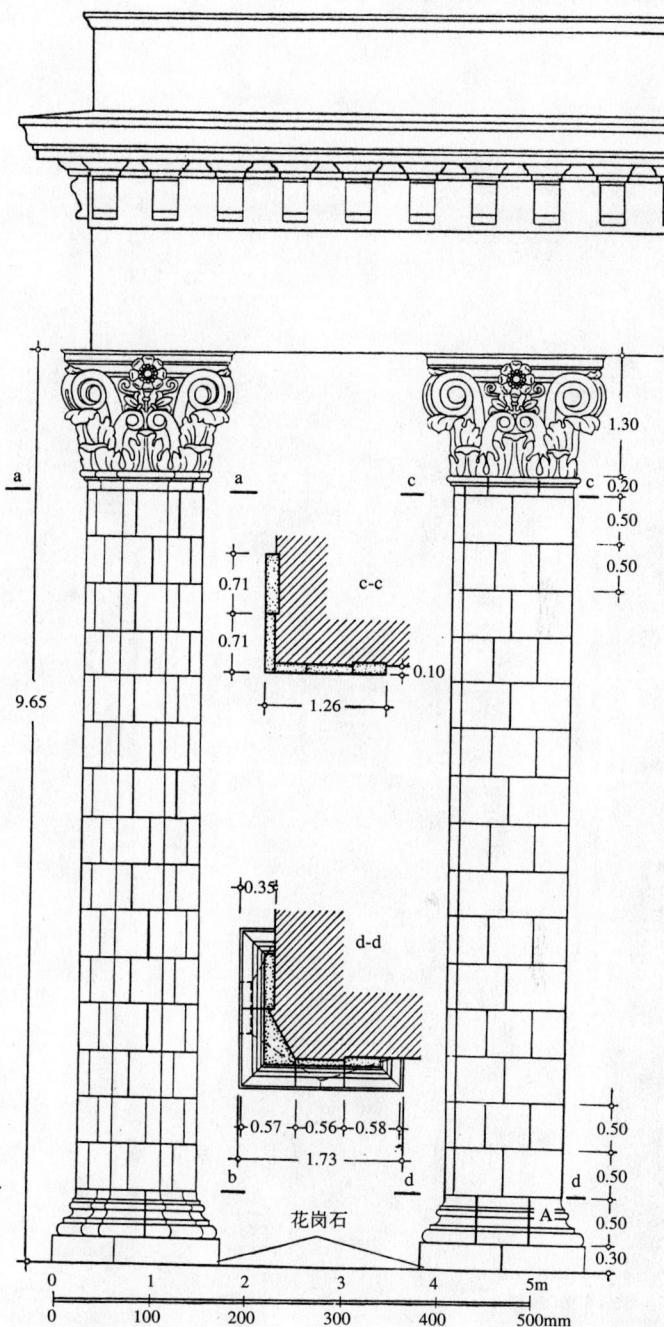

花岗石

**莫斯科市 诺瓦斯洛德地铁站的地上站台**（1952 年）

上部三分之二部分有凹槽的圆柱，是由曲线形石料镶贴的，纵向接缝沿凹槽的垂直中心线拼合，方形柱
是由带凹槽的平板拼合，接缝密合。各式柱头也为同种大理石雕琢而成。柱脚是由灰色花岗石砌成。

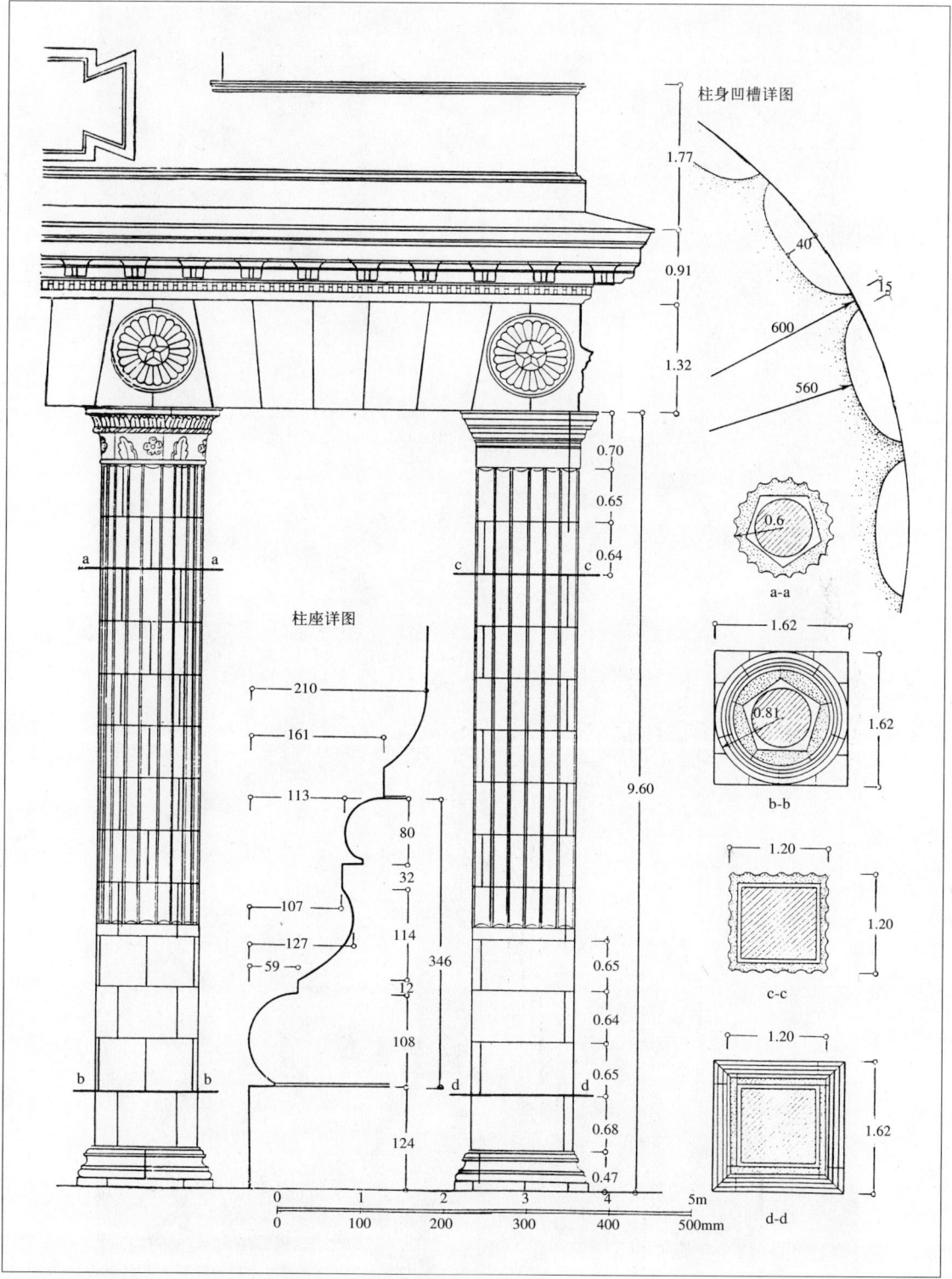

柱身凹槽详图

1.77

0.91

1.32

40

15

600

560

0.6

a-a

1.62

0.81

1.62

b-b

1.20

1.20

c-c

1.20

1.62

d-d

0.70
0.65
0.64

9.60

柱座详图

210
161
113
80
32
107
114
127
59
346
12
108
124

0.65
0.64
0.65
0.68
0.47

a a
b b
c c
d d

0 1 2 3 4 5m
0 100 200 300 400 500mm

**莫斯科市　莫斯科大学主楼正门**（1953 年）

落地灯灯柱和柱脚由三块镜面红色花岗石建成，柱顶、柱身装饰环均为青铜铸成。

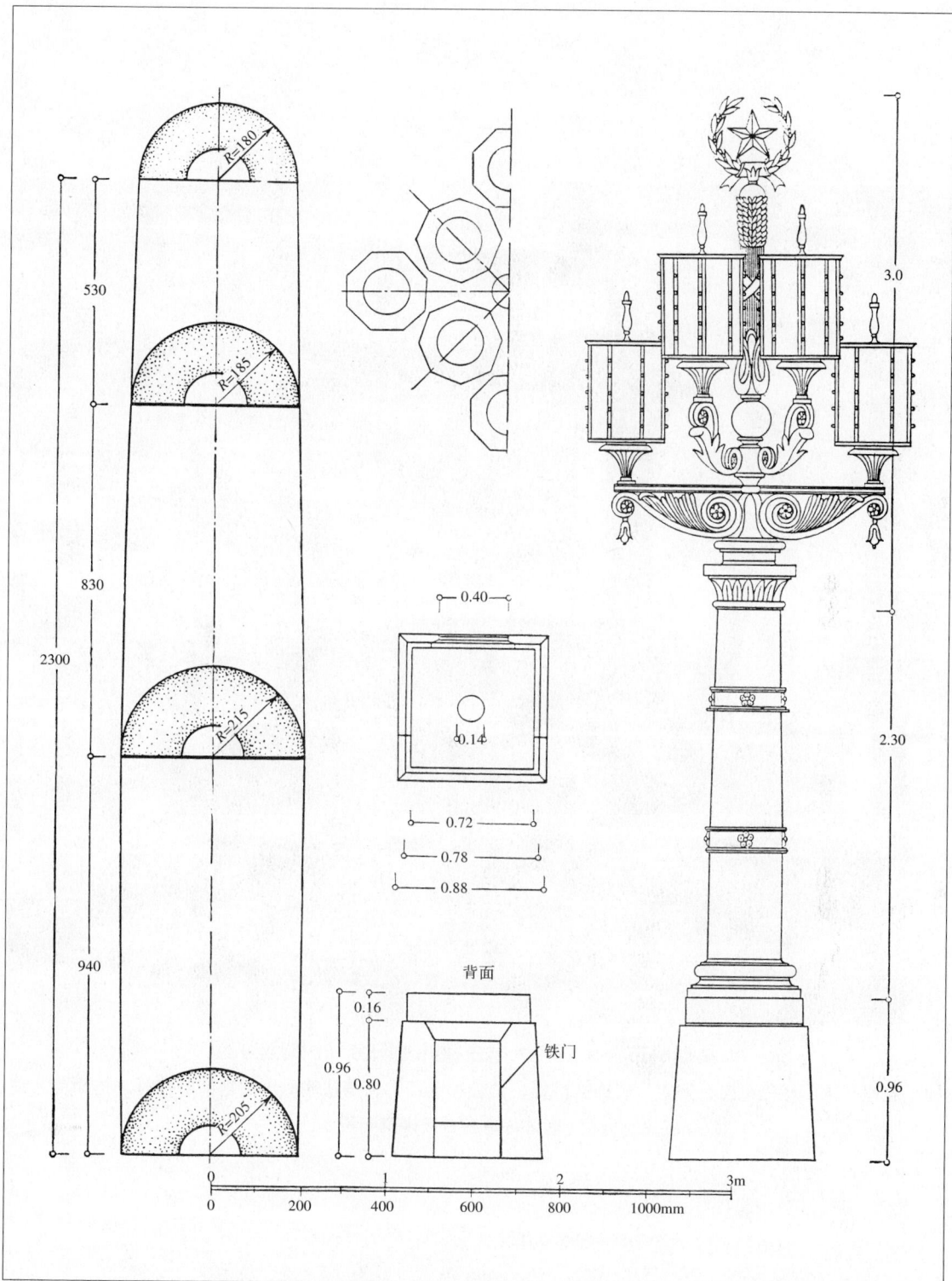

R=180

R=185

R=215

530

830

2300

940

R=205

0.40

0.14

0.72

0.78

0.88

背面

0.16

0.96

0.80

铁门

3.0

2.30

0.96

0 1 2 3m

0 200 400 600 800 1000mm

**莫斯科市　莫斯科大学主楼礼堂阳台**（1953 年）

柱子底座是琢面红色花岗石砌成，装饰性格板、镶板和链环均为铸铁件，周围坐椅的椅背、椅面皆为镜面红色花岗石矩形石板拼砌而成。

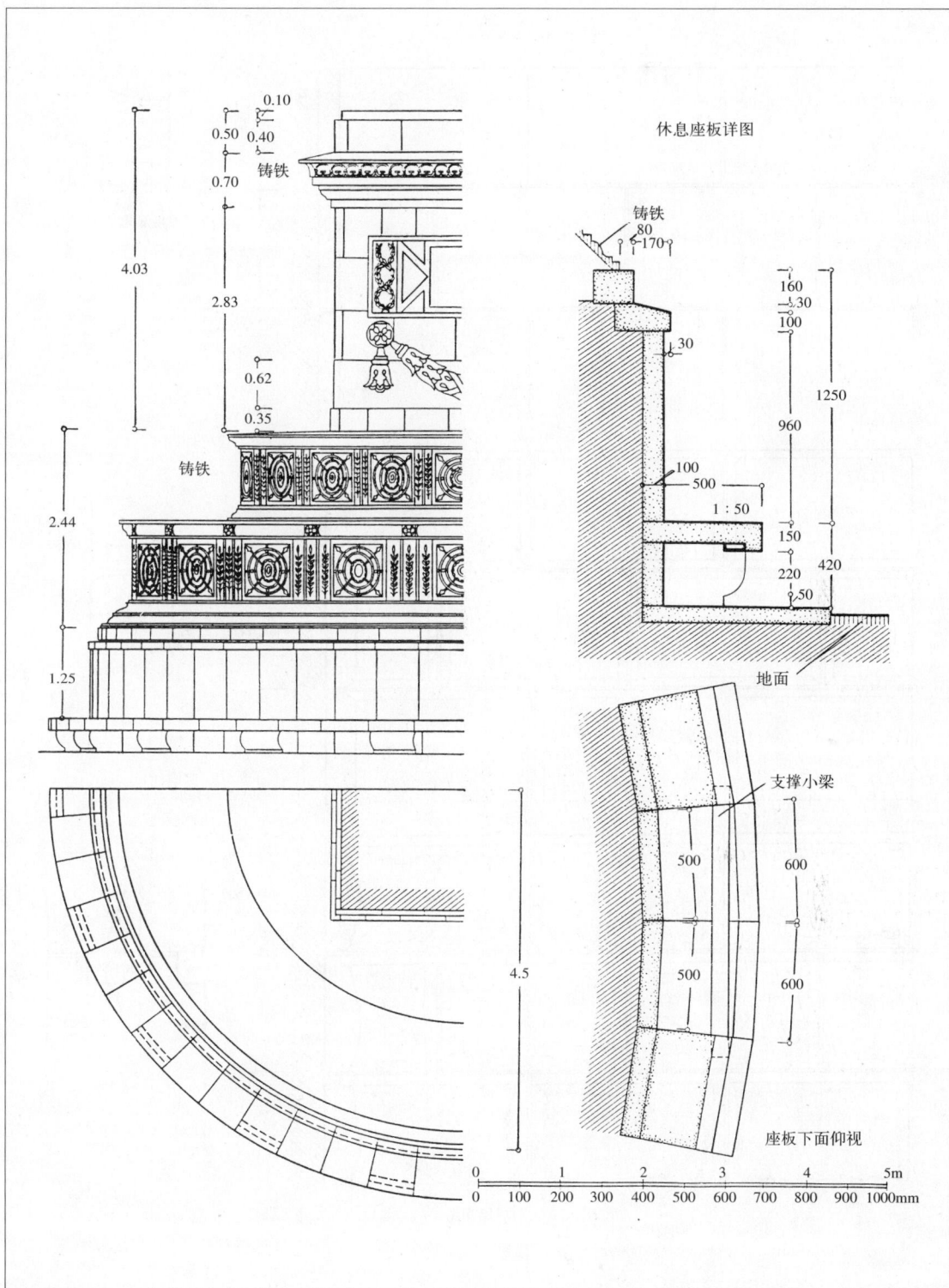

休息座板详图

铸铁
0.10
0.50　0.40
0.70　　铸铁

4.03

2.83

0.62
0.35

铸铁

2.44

1.25

铸铁
80
170

160
30
100

30

1250

960

100
500

1：50

150

220

420

50

地面

支撑小梁

500

600

500

600

座板下面仰视

4.5

| 0 | 1 | 2 | 3 | 4 | 5m |

| 0 | 100 | 200 | 300 | 400 | 500 | 600 | 700 | 800 | 900 | 1000mm |

40～50

a

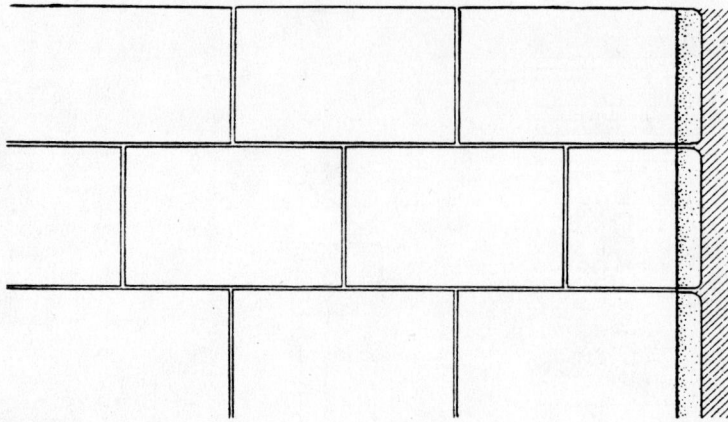

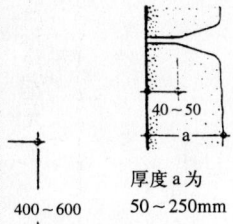

厚度 a 为
50～250mm

400～600

15～20°

40～50

a

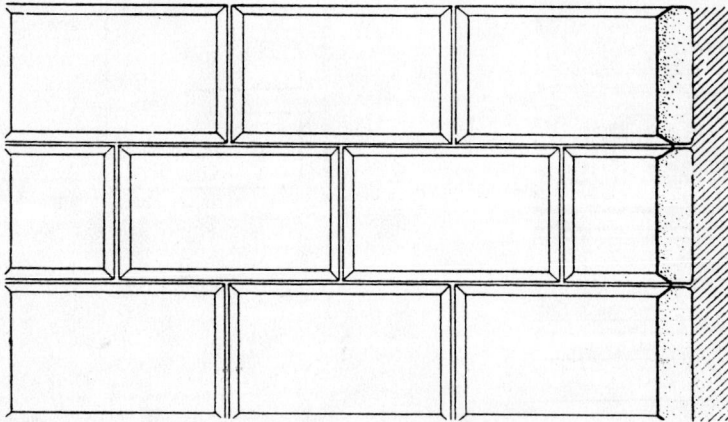

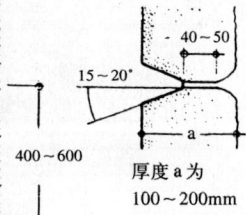

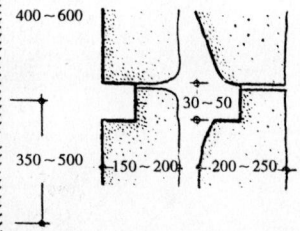

厚度 a 为
100～200mm

400～600

400～600

30～50

350～500

150～200   200～250

石材墙面图

厚度 a 为
50～250mm

60～100　40～50

10～50°

40～60°

a

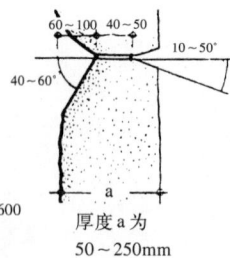

虎皮石排列方法之一

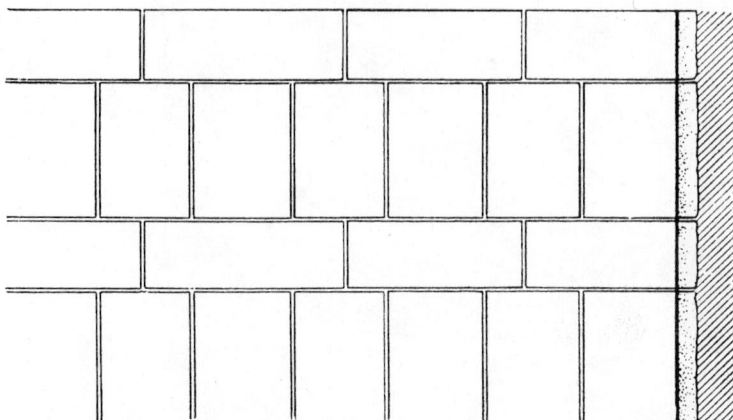

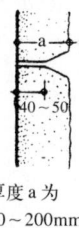

400～600

厚度 a 为
50～200mm

a

40～50

400～600

200～300

方整石排列方法之一

不同规格方整形毛石

石材墙面图

**圣彼得堡市　姆拉莫尔宫**（1768～1785 年）
阳台托架为灰色花岗石。托架尾部封砌于墙体内，阳台地面为花岗岩石板封砌于墙体内，阳台护板是大
理石做的基座，扶手、栏杆小柱均由青铜制成。

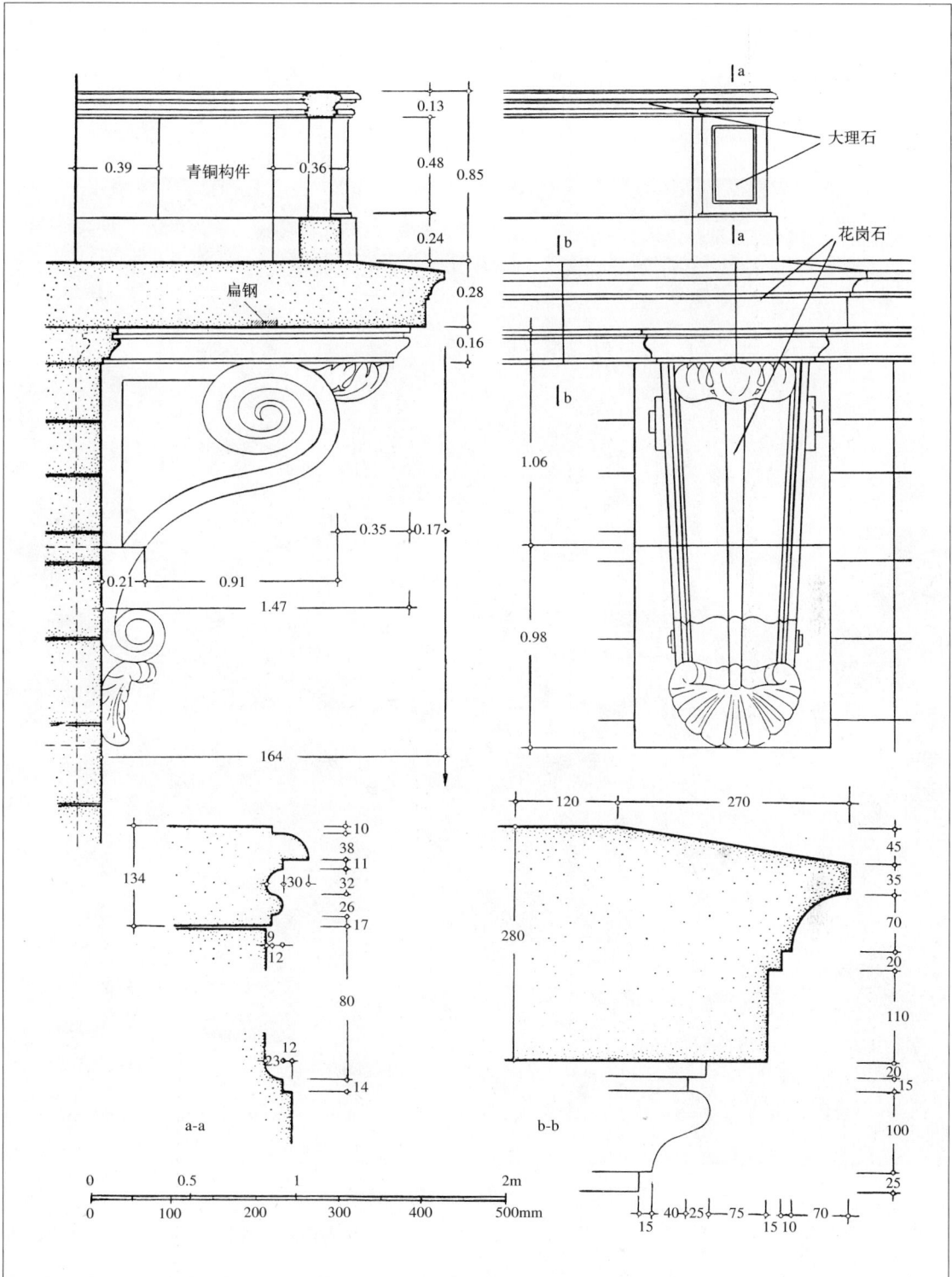

青铜构件

0.39    0.36

0.13
0.48
0.85
0.24

扁钢

0.28
0.16

0.35    0.17

0.21    0.91

1.47

164

大理石

花岗石

1.06

0.98

a-a

134

10
38
11
30    32
26
17
9
12

80

12
23
14

b-b

120    270

280

45
35
70
20

110

20
15

100

25

15    40    25    75    70
15    10

0    0.5    1    2m

0    100    200    300    400    500mm

**圣彼得堡市　居住大楼**（1912 年）

托架上阳台由琢面灰色花岗石制成，柱状栏杆为白色磨光琢面大理石。阳台地板是钢筋混凝土方板上贴花岗石镶边石而成。

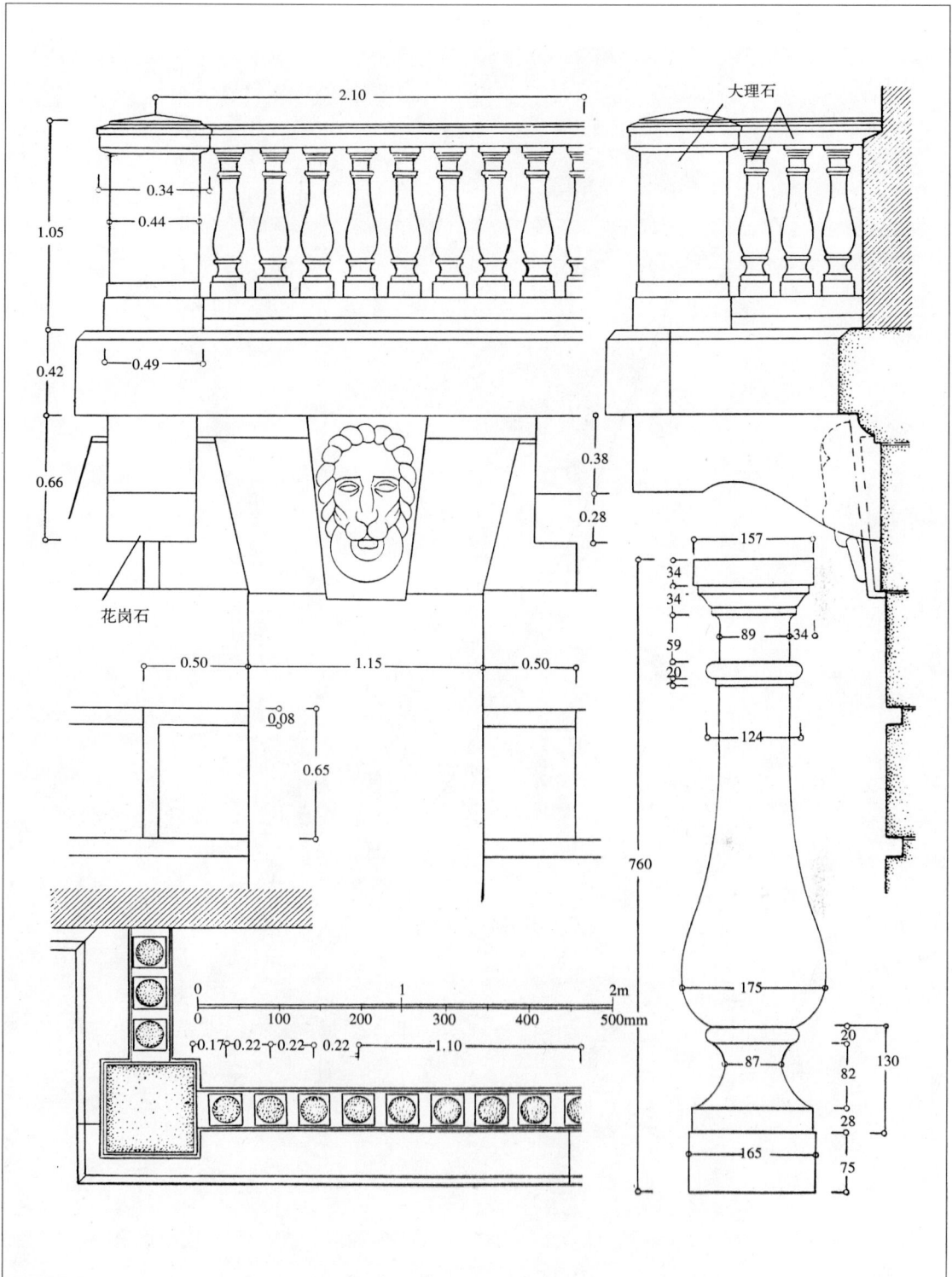

大理石

花岗石

2.10

1.05

0.42

0.66

0.34

0.44

0.49

0.38

0.28

0.50

1.15

0.50

0.08

0.65

157

34

34

59

20

89

34

124

760

175

87

165

20

82

28

75

130

0

1

2m

0

100

200

300

400

500mm

0.17

0.22

0.22

0.22

1.10

**圣彼得堡市　市政大楼**（1912年）

托架、阳台、柱状栏杆为琢面灰色花岗石制成，阳台地面为整块石板。

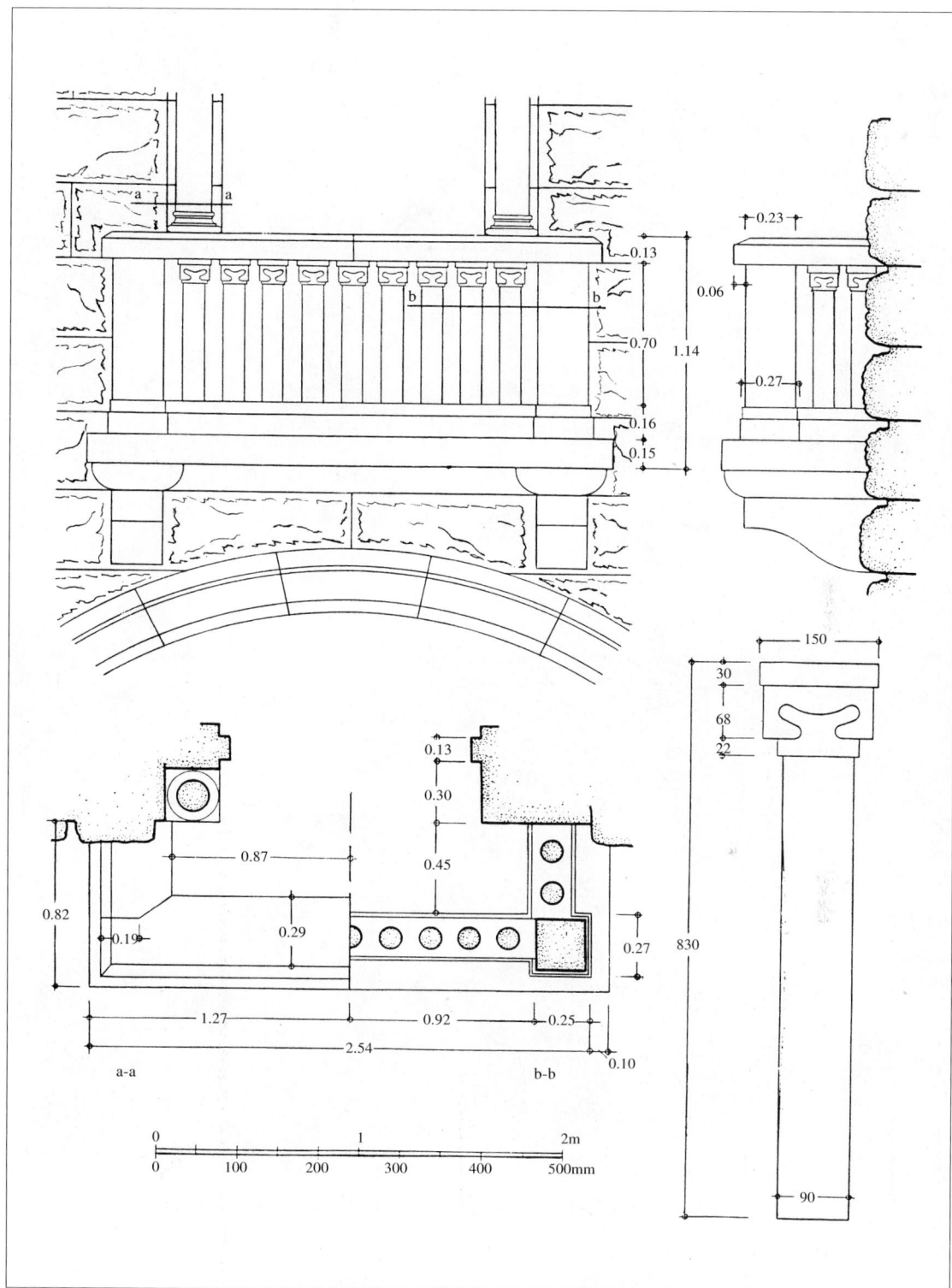

a-a

b-b

0　　　　　　　1　　　　　2m
0　100　200　300　400　500mm

**圣彼得堡市　居住大楼**（1913 年）

阳台、围栏为琢面灰色花岗石制成，托架为四层石料封砌于墙内，

地面为钢筋混凝土板镶贴花岗石板而成。

详图 A

详图 B

0　100　200　300mm
0　　　　　　　　1m

**圣彼得堡市　居住大楼**（1912 年）

拱形敞廊、柱状栏杆和柱头花纹装饰是由磨光琢面红色花岗石镶贴而成。

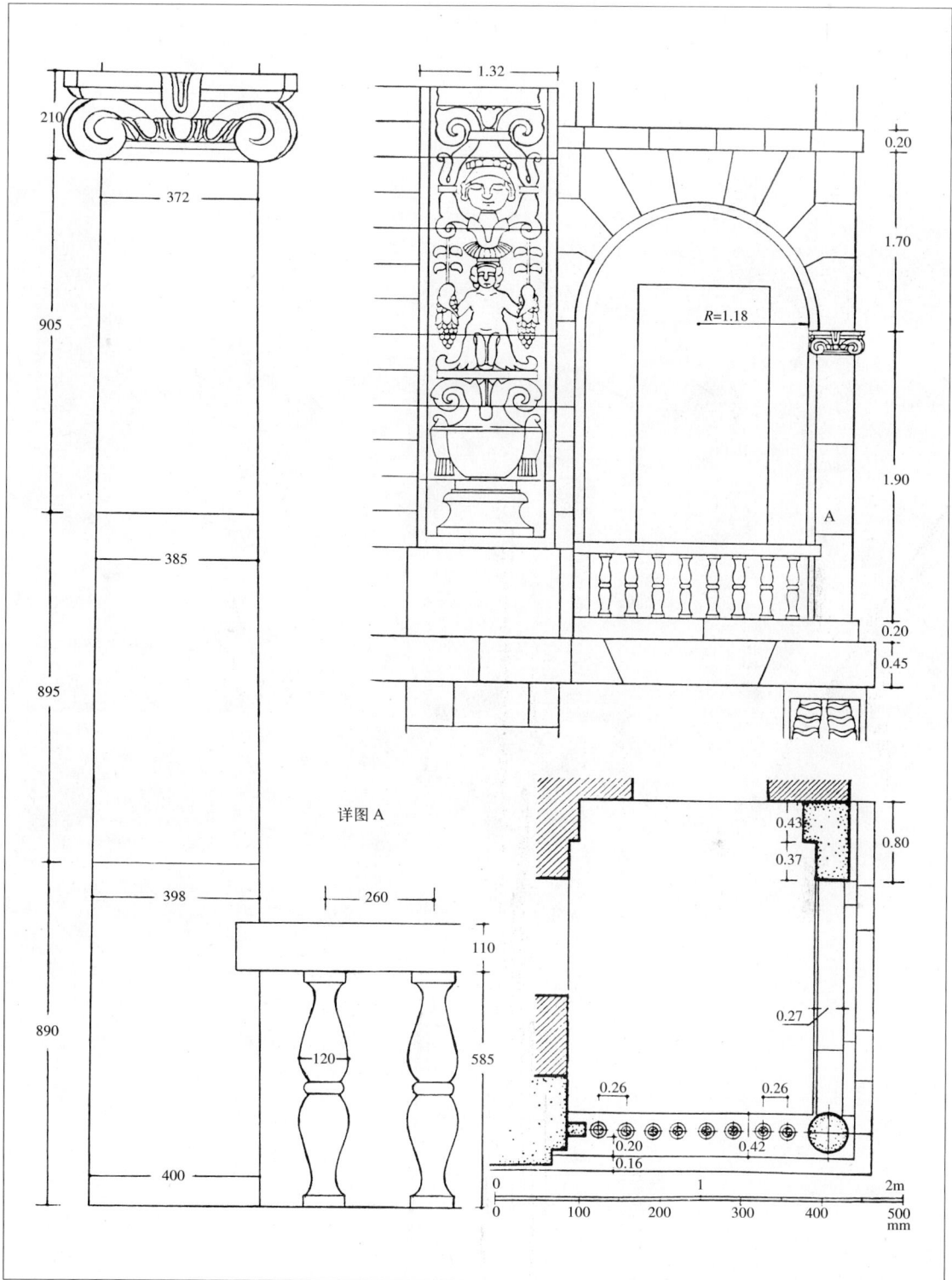

详图 A

**圣彼得堡市　居住大楼**（1912 年）

阳台柱状栏杆的小柱是用整块灰色花岗石制成（平面图中的正方形）。小柱中间加工为虎皮石面。

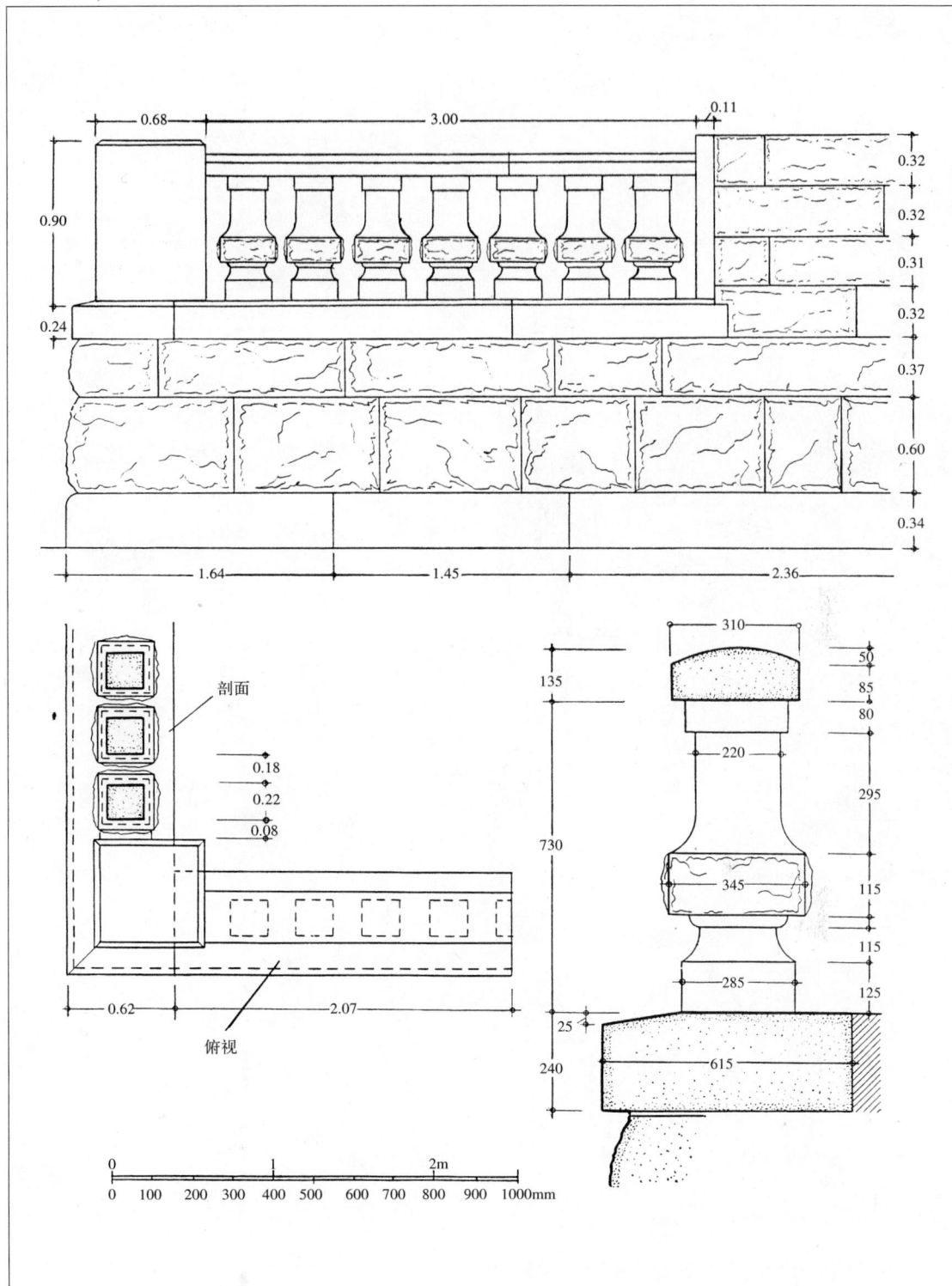

0.68   3.00   0.11

0.90

0.32

0.32

0.31

0.32

0.24

0.37

0.60

0.34

1.64   1.45   2.36

剖面

0.18

0.22

0.08

0.62   2.07

俯视

135

730

25

240

310

50

85

80

220

295

345

115

285

115

125

615

0   1   2m

0   100   200   300   400   500   600   700   800   900   1000mm

**圣彼得堡市　姆拉莫尔宫**（1768～1785 年）

屋檐、楣线、女儿墙墙基均为灰色花岗石。檐部腰线、女儿墙为大理石，饰瓶为石灰石做成，屋檐披水处皆由金属板覆盖。

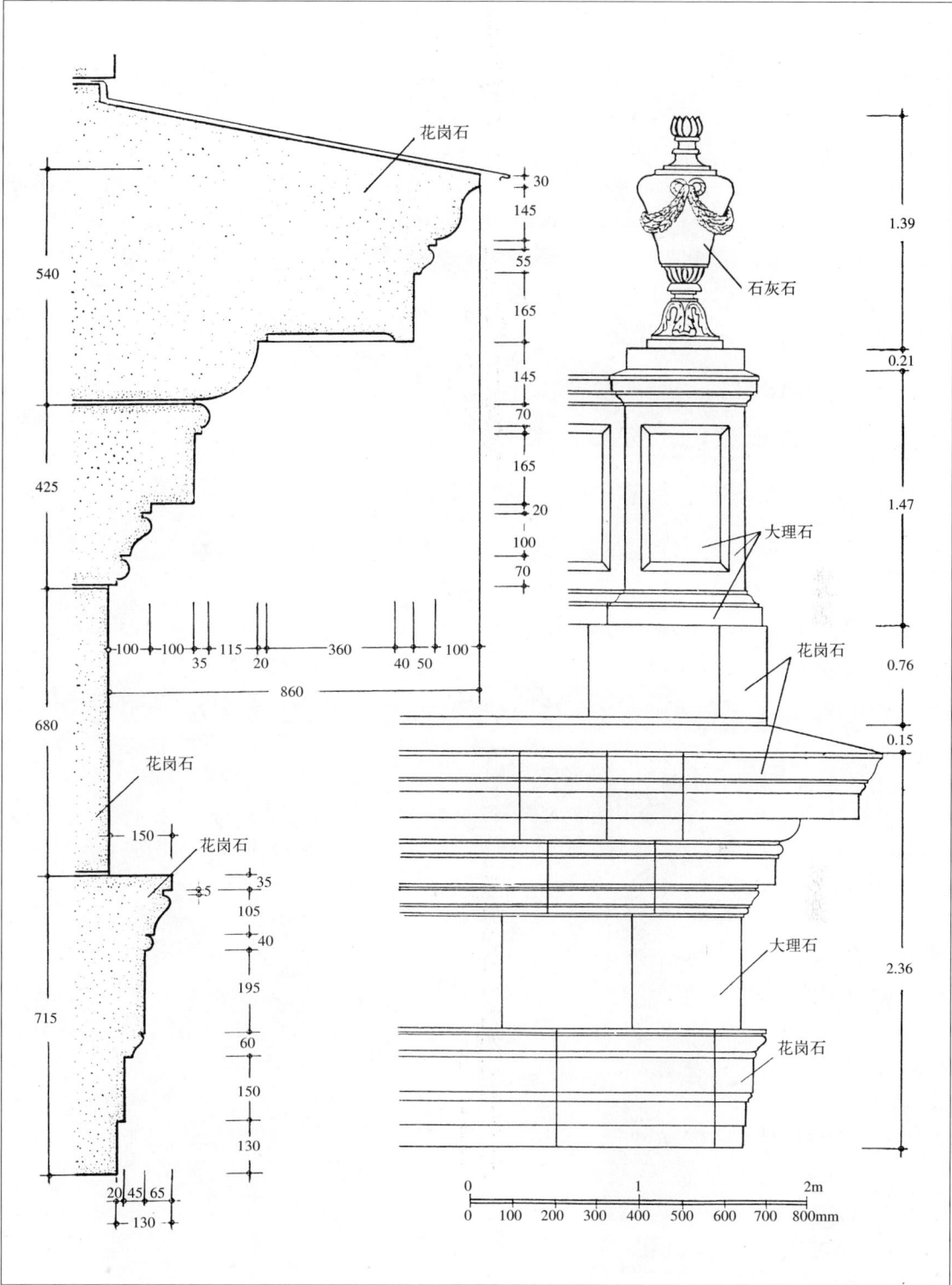

花岗石

30
145
55
165
145
70
165
20
100
70

540

425

100 100 115 360 100
35 20 40 50

860

680

花岗石

150

花岗石

35 35
105
40
195
60
150
130

715

20 45 65
130

石灰石

大理石

花岗石

大理石

花岗石

1.39
0.21
1.47
0.76
0.15
2.36

0      1      2m
0  100 200 300 400 500 600 700 800mm

**圣彼得堡市　彼得要塞涅瓦大门**（1787 年）

门廊山墙为琢面灰色花岗石，山墙檐头板与山花线脚为一块石料做成，屋面顶部有砌合缝。

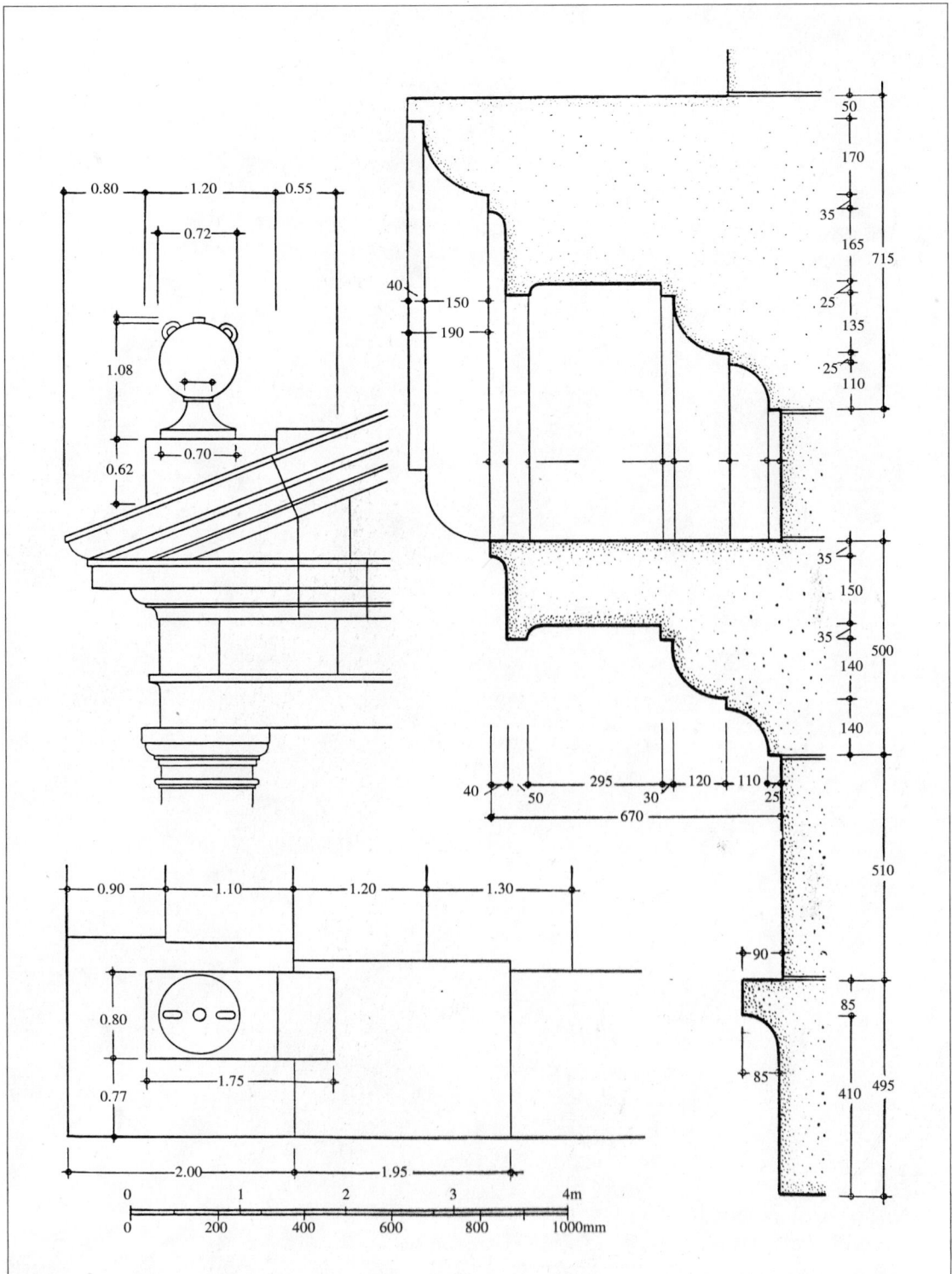

**莫斯科市　科林奇医院**（1801 年）
山墙的飞檐、腰线、楣线是由石灰石方整石板料砌成。挑檐板被砌入相当于墙厚砌体内。

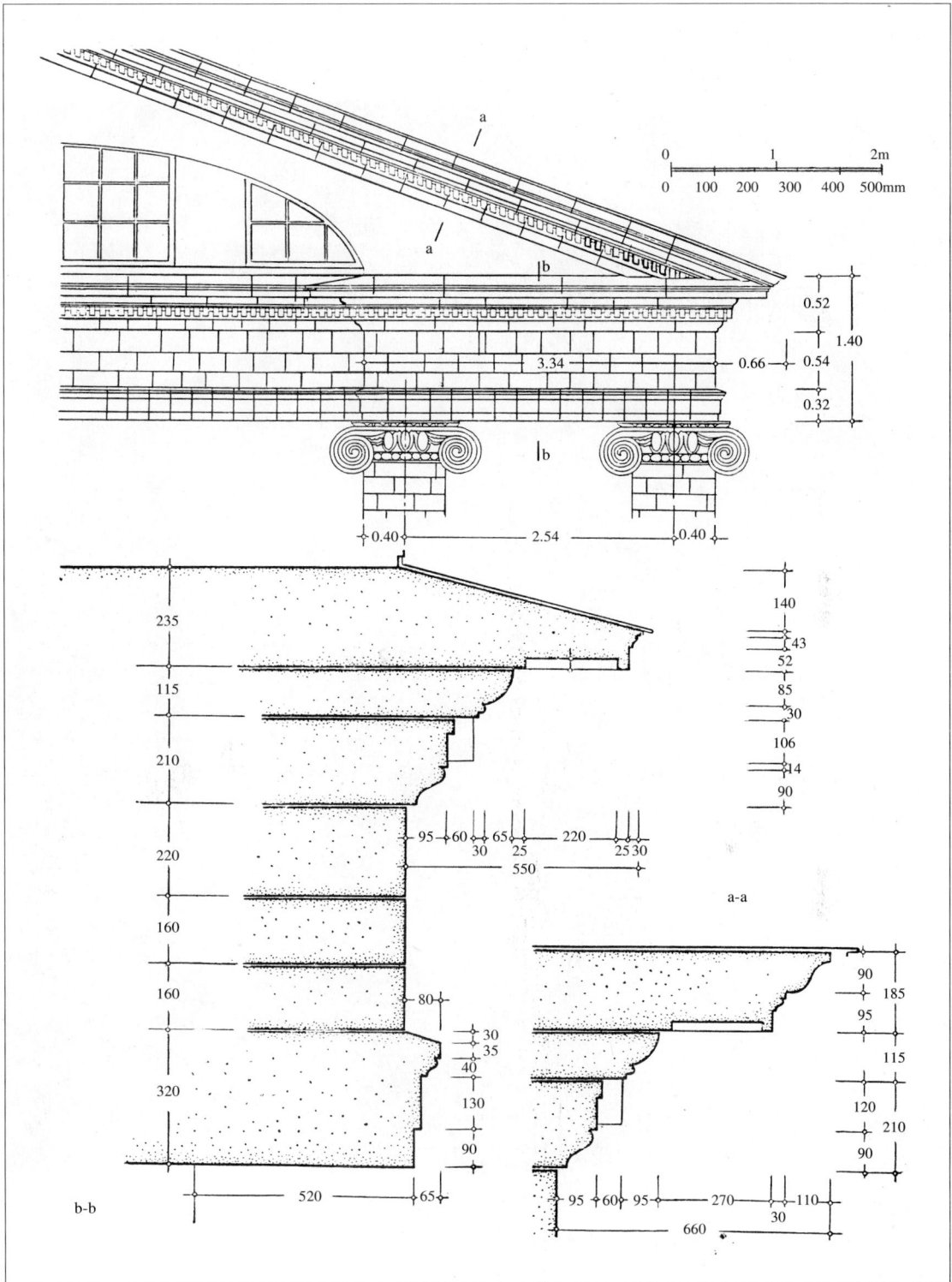

0       1       2m

0   100   200   300   400   500mm

0.52

1.40

3.34     0.66    0.54

0.32

0.40      2.54      0.40

235

115

210

220

160

160

320

140

43

52

85

30

106

14

90

95   60   65    220    25 30

30   25

550

a-a

80

30

35

40

130

90

b-b

520    65

90

185

95

115

120

210

90

95   60   95    270    110

30

660

**圣彼得堡市　普尔科沃天文台**（1832 年）
山墙的飞檐和腰线是由石灰石方板砌成，柱顶钢筋混凝土过梁则是用楔形石灰石镶面。
该建筑 1953 年修复。

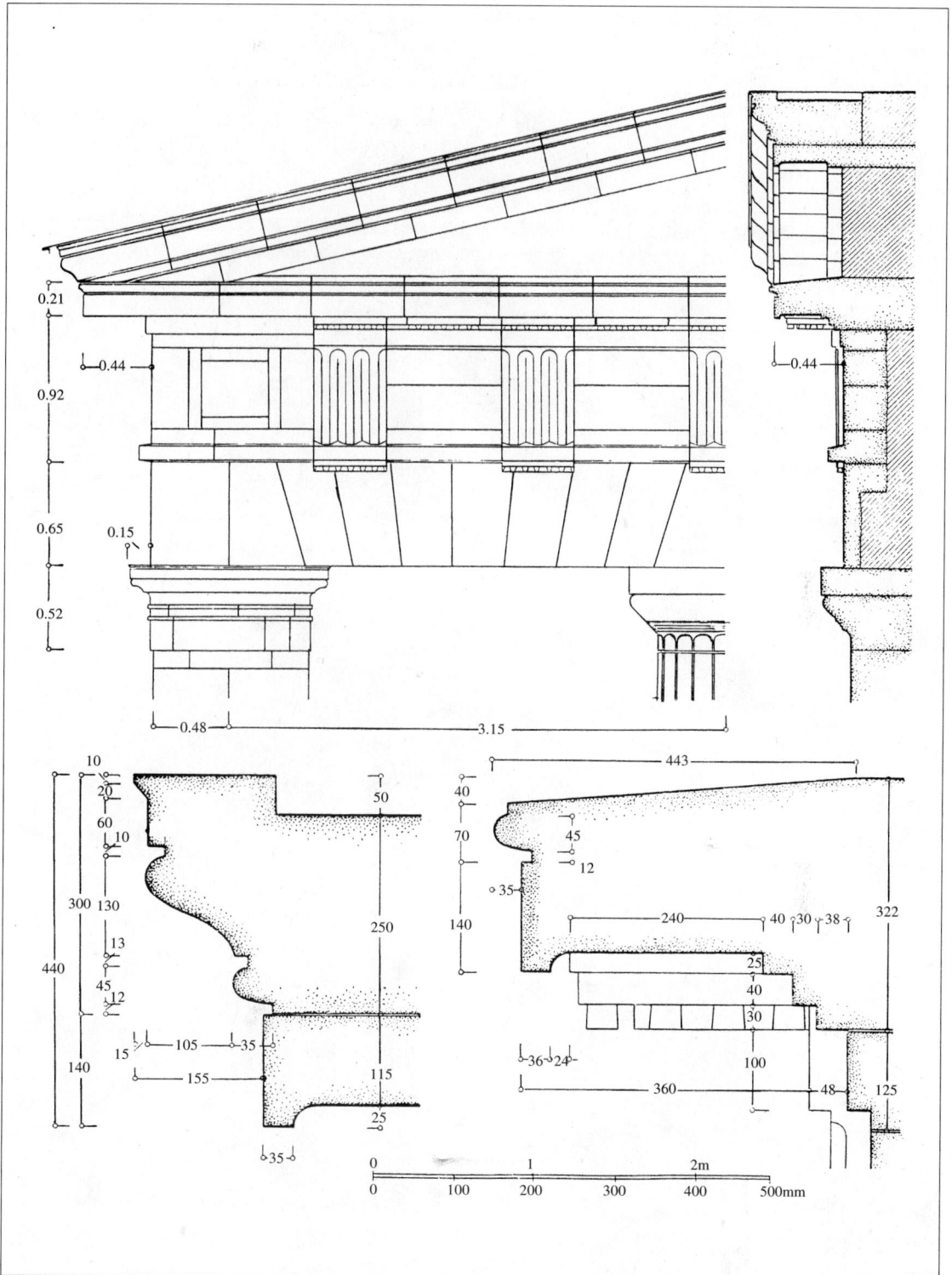

**莫斯科市　普希金造型艺术博物馆**（1912 年）

檐部及柱头线为琢面白色大理石制成的贴面石镶砌而成。各种装饰均为琢面磨光。

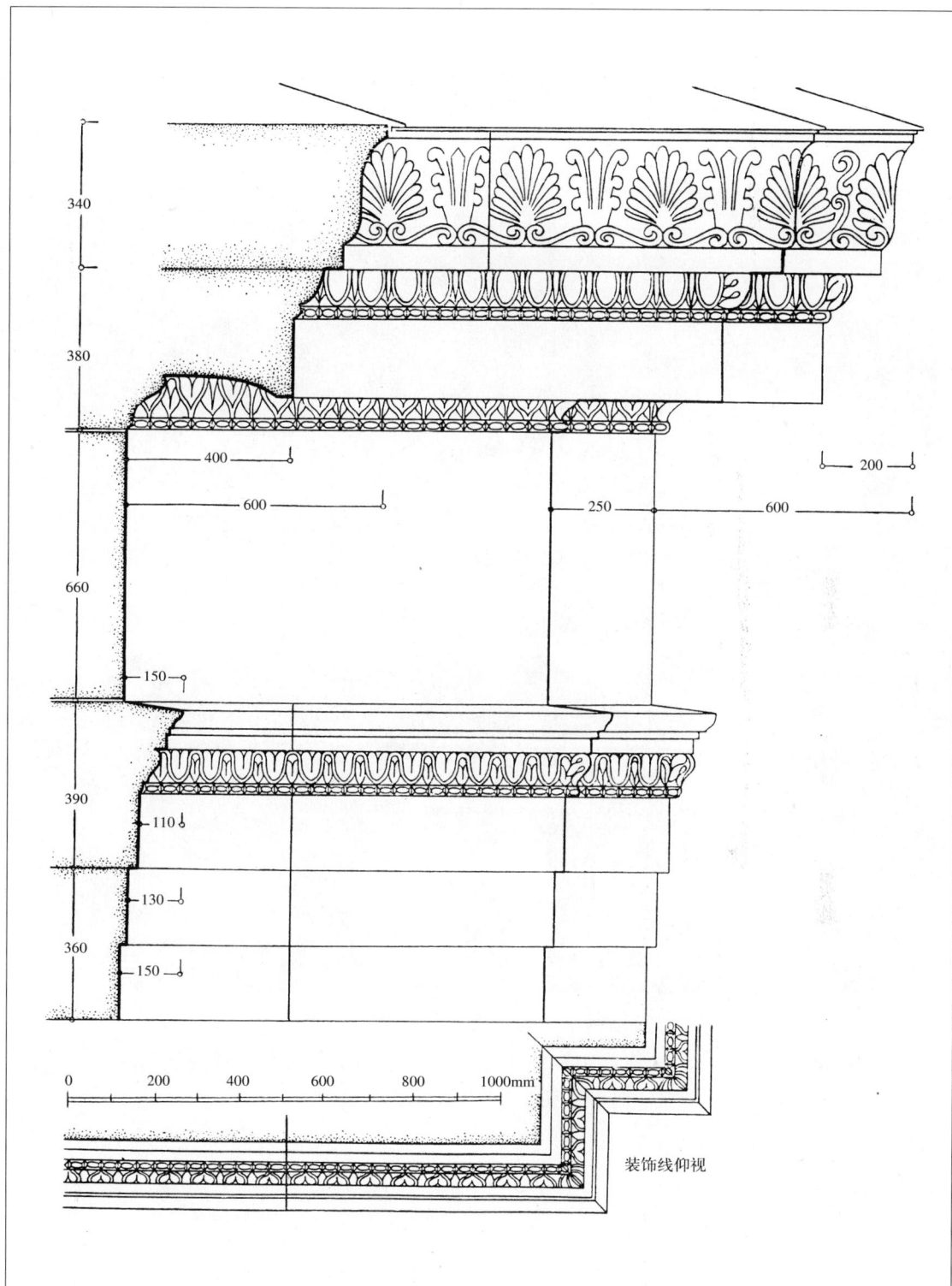

340

380

400

600

250

600

200

660

150

390

110

130

360

150

0   200   400   600   800   1000mm

装饰线仰视

**莫斯科市　喀山火车站**（1917 年）
装饰性檐部墙面装饰图案、腰线是由石灰石贴面板镶砌的，飞檐上用金属板覆盖，
檐长能遮挡装饰腰线部分。

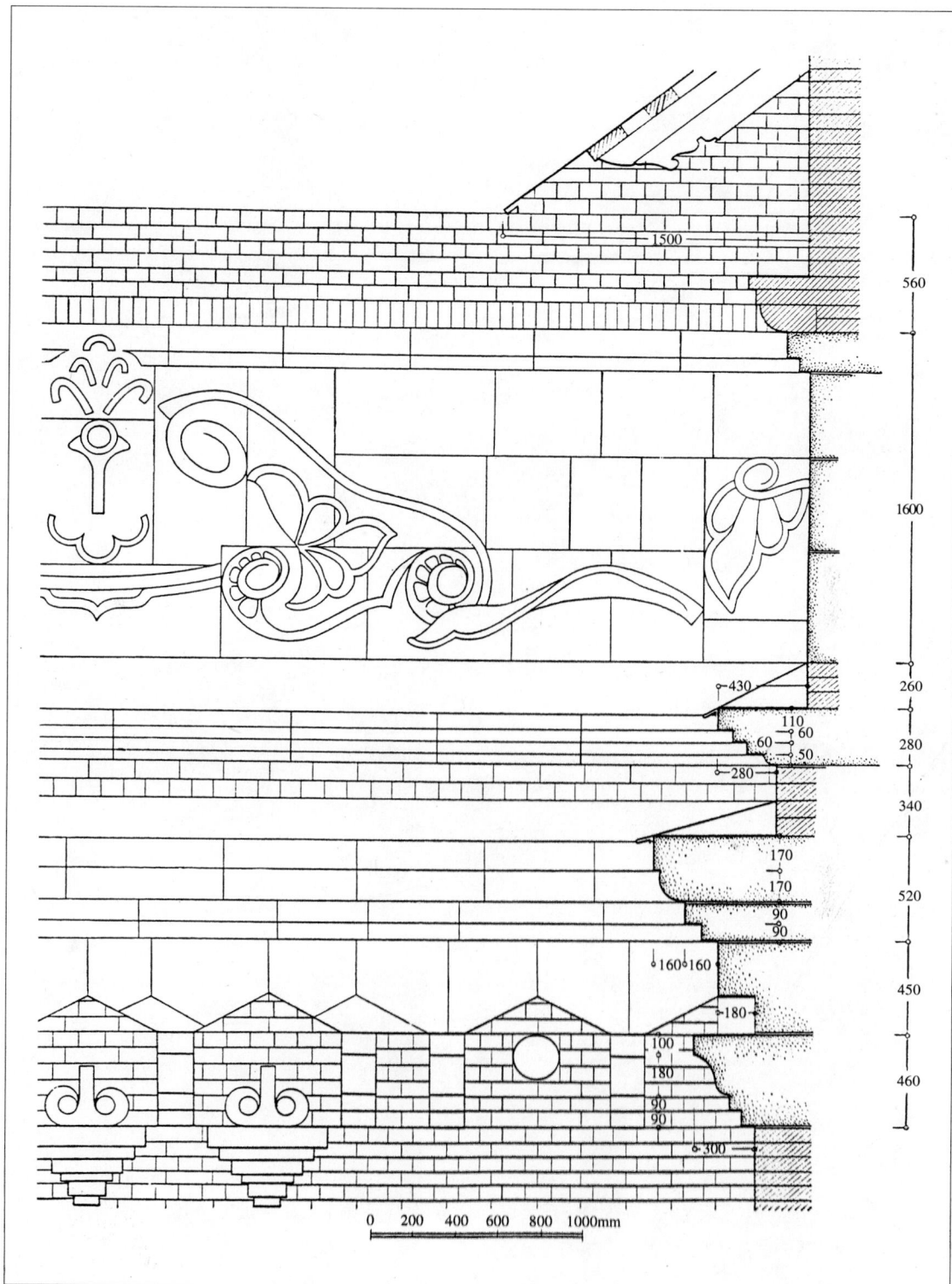

**莫斯科市　莫斯科大学礼堂大楼门廊**（1953年）

柱顶腰线及上部装饰墙面由石灰石砌成。檐壁为琢面红色花岗石。飞檐石板嵌在相当于墙厚的砌体内。

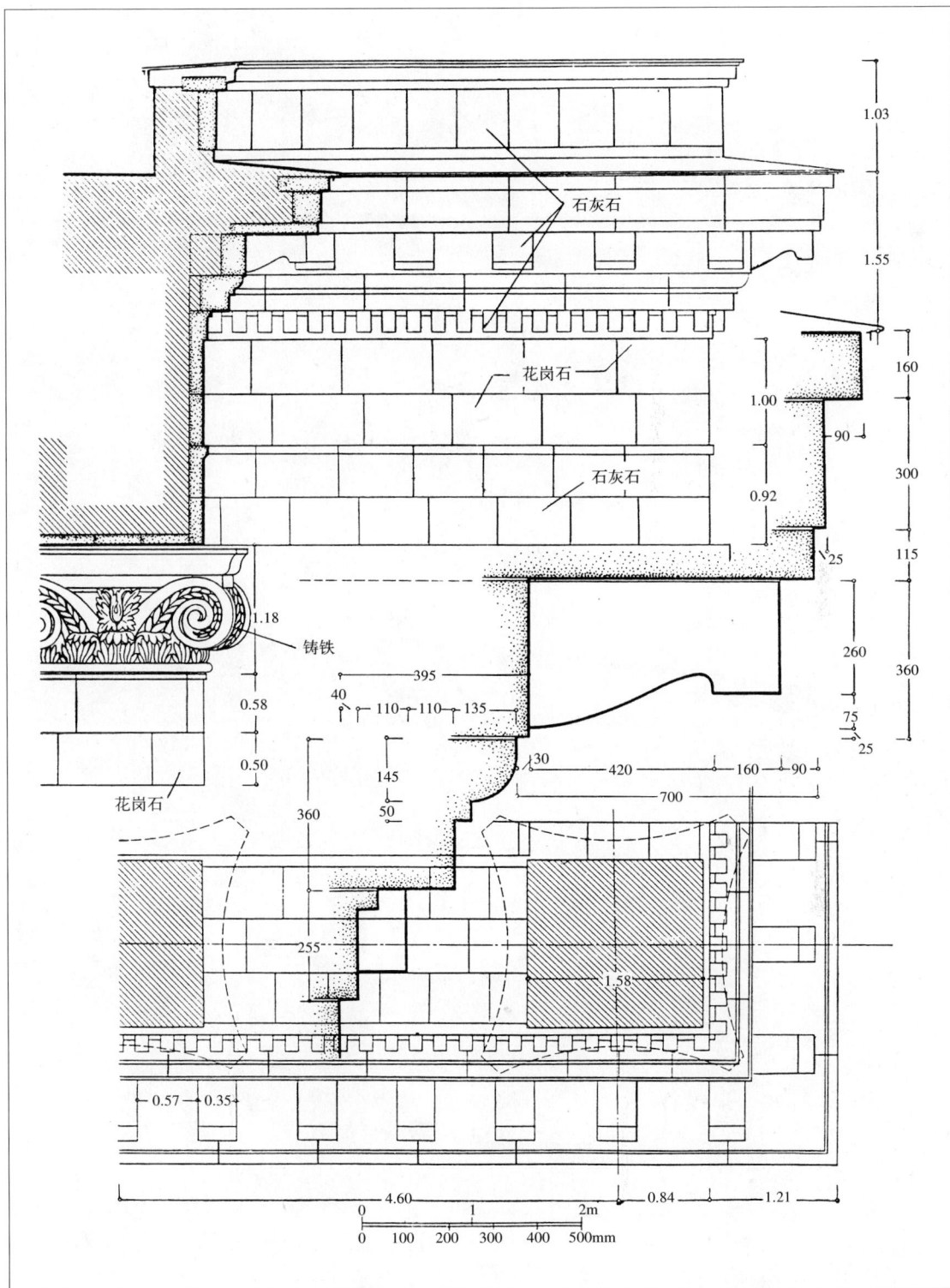

石灰石

花岗石

石灰石

铸铁

花岗石

1.03

1.55

160

90

300

25

115

260

75

25

360

1.00

0.92

1.18

0.58

0.50

395

40

110　110　135

145

50

360

255

30

420

700

160　90

1.58

0.57　0.35

4.60

0.84

1.21

0　　　1　　　2m

0　100　200　300　400　500mm

**莫斯科市　市政大楼**（1952 年）
多层坚固的飞檐是由琢面磨光的石灰石镶砌而成。飞檐挑出部分上覆金属板防护。

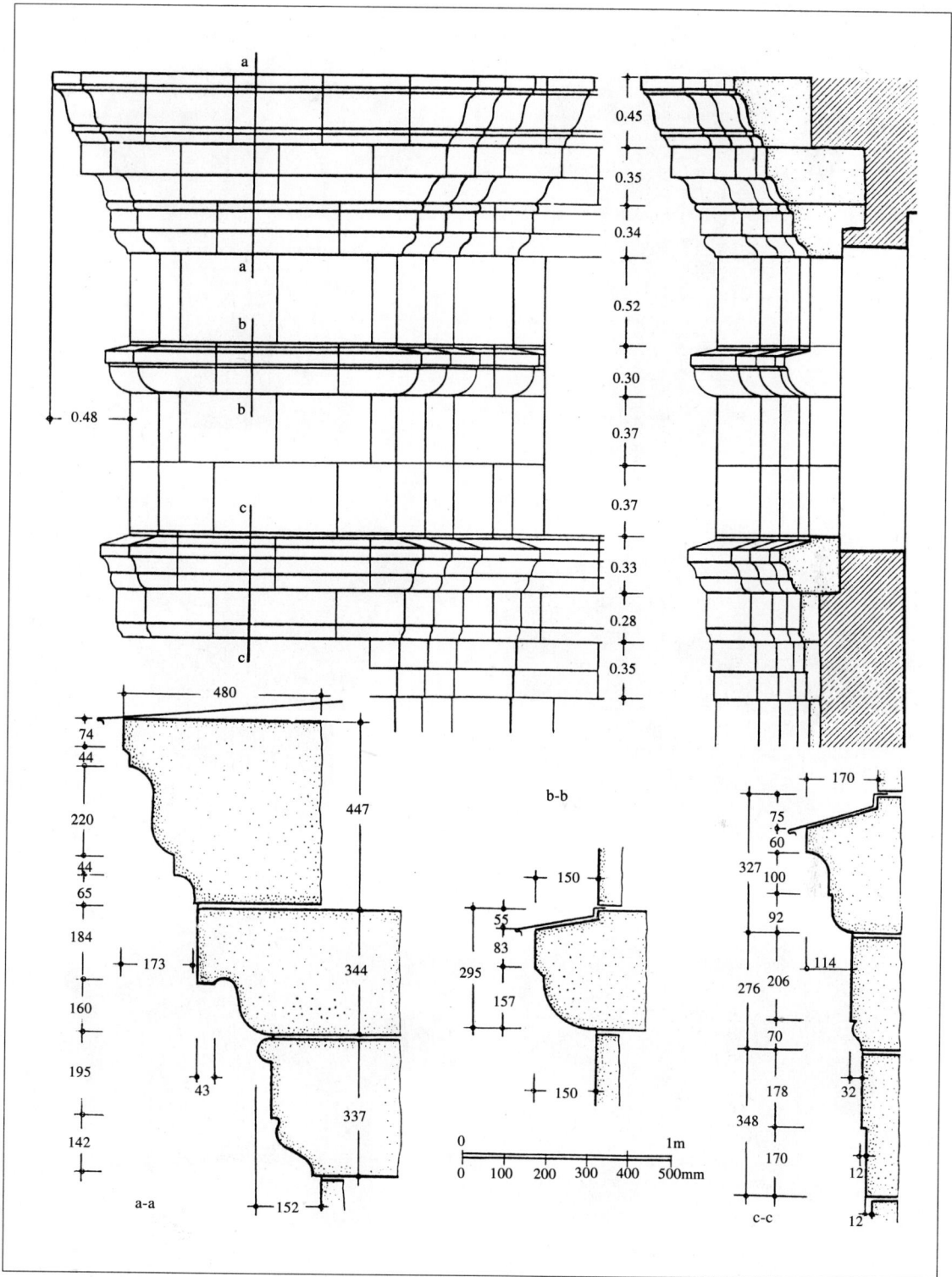

0.45
0.35
0.34
0.52
0.30
0.37
0.37
0.33
0.28
0.35

0.48

a
a
b
b
c
c

b-b

480
74
44
220
44
65
184
173
160
195
43
142
447
344
337
152
a-a

150
55
83
295
157
150

170
75
60
100
327
92
114
206
276
70
178
348
32
170
12
12
c-c

0 100 200 300 400 500mm
1m

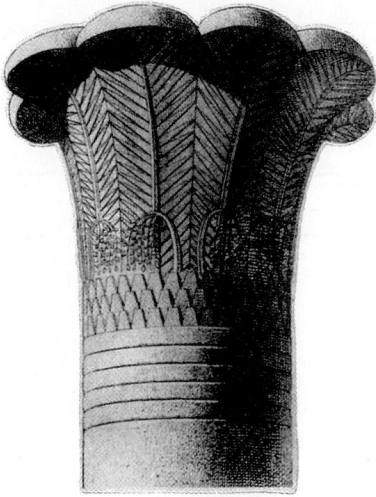

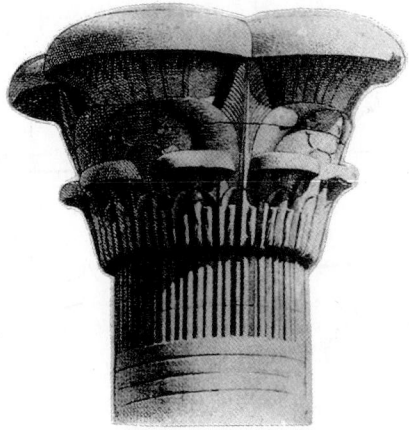